2009年度普通高等教育精品教材
普通高等教育"十一五"国家级规划教材

全国高职高专教育土建类专业教学指导委员会规划推荐教材

工程建设定额原理与实务（第二版）

（工程造价与建筑管理类专业适用）

何 辉 吴 瑛 编著
迟晓明 张 萍 主审

中国建筑工业出版社

图书在版编目（CIP）数据

工程建设定额原理与实务/何辉等编著. —2 版. —北京：中国建筑工业出版社，2008

普通高等教育"十一五"国家级规划教材. 全国高职高专教育土建类专业教学指导委员会规划推荐教材（工程造价与建筑管理类专业适用）

ISBN 978-7-112-09829-3

Ⅰ. 工⋯ Ⅱ. 何⋯ Ⅲ. 建筑工程-工程造价-高等学校：技术学校-教材 Ⅳ. TU723.3

中国版本图书馆 CIP 数据核字（2008）第 045669 号

2009 年度普通高等教育精品教材
普通高等教育"十一五"国家级规划教材
全国高职高专教育土建类专业教学指导委员会规划推荐教材

工程建设定额原理与实务
（第二版）

（工程造价与建筑管理类专业适用）

何 辉 吴 瑛 编著
迟晓明 张 萍 主审

*

中国建筑工业出版社出版、发行（北京西郊百万庄）
各地新华书店、建筑书店经销
北京嘉泰利德公司制版
北京云浩印刷有限责任公司印刷

*

开本：787×1092 毫米 1/16 印张：11¼ 字数：280 千字
2008 年 6 月第二版 2014 年 2 月第十九次印刷
定价：**21.00** 元
ISBN 978-7-112-09829-3
（16533）

版权所有 翻印必究
如有印装质量问题，可寄本社退换
（邮政编码 100037）

本书全面系统地介绍了工程建设定额的基本原理和编制方法，主要内容：人工、材料、机械台班消耗定额、企业定额、预算定额、概算定额、概算指标、投资估算指标和工程费用和费用定额等。本书依据全国和地方最新基础定额，结合最新规范和计价方法编写而成。书中配有大量的例题，也有可供参考的技术经济资料，具有较强的实用性和可操作性。

　　本书可作为高职院校土木工程、工程造价专业及相关专业的教材。亦可作为工程造价编审人员及自学者参考书。

*   *   *

责任编辑：张　晶　杨　虹
责任设计：董建平
责任校对：兰曼利　孟　楠

教材编审委员会名单

主　任：吴　泽

副主任：陈锡宝　范文昭　张怡朋

秘　书：袁建新

委　员：（按姓氏笔画排序）

马纯杰　王武齐　田恒久　任　宏　刘　玲

刘德甫　汤万龙　杨太生　何　辉　宋岩丽

张　晶　张小平　张凌云　但　霞　迟晓明

陈东佐　项建国　秦永高　耿震岗　贾福根

高　远　蒋国秀　景星蓉

第二版序言

高职高专教育土建类专业教学指导委员会（以下简称教指委）是在原"高等学校土建学科教学指导委员会高等职业教育专业委员会"基础上重新组建的，在教育部、建设部的领导下承担对全国土建类高等职业教育进行"研究、咨询、指导、服务"责任的专家机构。

2004年以来教指委精心组织全国土建类高职院校的骨干教师编写了工程造价、建筑工程管理、建筑经济管理、房地产经营与估价、物业管理、城市管理与监察等专业的主干课程教材。这些教材较好地体现了高等职业教育"实用型""能力型"的特色，以其权威性、科学性、先进性、实践性等特点，受到了全国同行和读者的欢迎，被全国高职高专院校相关专业广泛采用。

上述教材中有《建筑经济》、《建筑工程预算》《建筑工程项目管理》等11本被评为普通高等教育"十一五"国家级规划教材，另外还有36本教材被评为普通高等教育土建学科专业"十一五"规划教材。

教材建设如何适应教学改革和课程建设发展的需要，一直是我们不断探索的课题。如何将教材编出具有工学结合特色、及时反映行业新规范、新方法、新工艺的内容，也是我们一贯追求的工作目标。我们相信，这套由中国建筑工业出版社陆续修订出版的、反映较新办学理念的规划教材，将会获得更加广泛的使用，进而在推动土建类高等职业教育培养模式和教学模式改革的进程中、在办好国家示范高职学院的工作中，做出应有的贡献。

高职高专教育土建类专业教学指导委员会

第一版序言

  高等学校土建学科教学指导委员会高等职业教育专业委员会（以下简称土建学科高等职业教育专业委员会）是受教育部委托并接受其指导，由建设部聘任和管理的专家机构。其主要工作任务是，研究如何适应建设事业发展的需要设置高等职业教育专业，明确建设类高等职业教育人才的培养标准和规格，构建理论与实践紧密结合的教学内容体系，构筑"校企合作、产学结合"的人才培养模式，为我国建设事业的健康发展提供智力支持。在建设部人事教育司的领导下，2002年以来，土建学科高等职业教育专业委员会的工作取得了多项成果，编制了土建学科高等职业教育指导性专业目录；在重点专业的专业定位、人才培养方案、教学内容体系、主干课程内容等方面取得了共识；制定了建设类高等职业教育"建筑工程技术"、"工程造价"、"建筑装饰技术"、"建筑电气技术"等专业的教育标准和培养方案；制定了教材编审原则；启动了建设类高等职业教育人才培养模式的研究工作。

  土建学科高等职业教育专业委员会管理类专业小组指导的专业有工程造价、建筑工程管理、建筑经济管理、建筑会计与投资审计、房地产经营与估价、物业管理6个专业。为了满足上述专业的教学需要，我们在调查研究的基础上制定了工程造价、建筑工程管理、物业管理等专业的教育标准和培养方案，根据培养方案认真组织了教学与实践经验较丰富的教授和专家编制了主干课程的教学基本要求，然后根据教学基本要求编审了本套教材。

  本套教材是在高等职业教育有关改革精神指导下，以社会需求为导向，以培养实用为主、技能为本的应用型人才为出发点，根据目前各专业毕业生的岗位走向、生源状况等实际情况，由理论知识扎实、实践能力强的双师型教师和专家编写的。因此，本套教材体现了高职教育适应性、实用性强的特点，具有内容新、通俗易懂、符合高职学生学习规律的特色。我们希望通过本套教材的使用，进一步提高教学质量，更好地为社会培养具有解决工作中实际问题的有用人才打下基础。也为今后推出更多更好的、具有高职教育特色的教材探索一条新的路子，使我国的高职教育办得更加规范和有效。

高等学校土建学科教学指导委员会
高等职业教育专业委员会

第二版前言

《工程建设定额原理与实务》是工程造价、工程管理、建筑经济管理等专业的主干课程之一，它从研究建筑安装产品的生产成果与生产消耗的数量关系着手，合理地确定完成单位建筑安装产品的消耗数量标准。它是一门技术性、综合性、专业性和政策性都很强的课程。

本书依据全国高职高专教育土建类专业教学指导委员会制定的工程造价专业培养目标和培养方案以及主干课程教学基本要求及建设部颁发的《全国统一建筑工程基础定额》、《全国统一建筑安装工程劳动定额》、《全国统一建筑安装工程工期定额》以及部分地区建筑工程定额编写的。在编写过程中，力求做到语言精炼、通俗易懂、博采众长、理论联系实际。不仅适用于高职工程造价和建筑管理等相关专业，也是工程造价人员业务学习的参考书。

本书在原书的基础上结合现行工程计价改革目标和最新政策法规进行了以下几方面修订：一是依据"政府宏观控制、企业自主报价、市场形成价格"的目标新增了"企业定额"和"人工、材料、机械台班单价"两章内容；二是依据《建筑面积计算规范》重新编写了有关建筑面积的计算方法；三是增添了大量的实例和习题，更好地满足了教学和自学的需要。

本书共八章，第一、二、七、八章由浙江建设职业技术学院何辉编写，第四、五、六章由浙江建设职业技术学院吴瑛编写，第三章由山西四建集团有限公司张萍、刘志强、湖北城建职业技术学院叶晓容与何辉编写。全书由何辉、吴瑛统稿和修改。四川建筑职业技术学院迟晓明老师、山西四建集团有限公司张萍总工程师（注册造价师）担任主审。

本书的编写因限于编者水平，不妥之处在所难免，恳请读者批评指正，以利于今后补充修正。本书在编写过程中得到浙江建设职业技术学院刘建军老师、四川建筑职业技术学院袁建新老师的大力支持和帮助，在此表示衷心感谢。

第一版前言

本书是全国建设管理类高等职业教育工程造价、工程管理、建筑经济管理等专业的主干课教材。本书是根据全国高等学校土建学科教学指导委员会高等职业教育专业委员会制定的该专业培养目标和培养方案及主干课程教学基本要求及建设部颁布的《全国统一建筑工程基础定额》、《全国统一建筑安装工程劳动定额》、《全国统一建筑安装工程工期定额》，以及部分地区建筑工程定额编写的。在编写过程中，力求做到语言精炼、通俗易懂、博采百家之长、理论联系实际。不仅适用于高职工程造价相关专业，也是工程概预算人员业务学习的参考书。

本教材共六章，第一、二、五、六章由浙江建设职业技术学院何辉编写，第三、四章由浙江建设职业技术学院吴瑛编写，由何辉、吴瑛共同统稿和修改。四川建设职业技术学院袁建新老师担任主审。本书在编写过程中还得到浙江建设职业技术学院刘建军副教授的大力支持和帮助，在此，作者表示衷心感谢。

加入 WTO 后，工程造价管理已向着全面与国际接轨的方向发展，许多政策与法规会不断地发生变化，加上编者的水平有限，书中难免存在错误或不足之处，敬请有关专家和广大读者批评指出。

目 录

第一章 工程建设定额概论 ··········· 1
第一节 工程建设定额的产生与发展 ··········· 1
第二节 工程建设定额的分类和特点 ··········· 6
思考题 ··········· 10

第二章 人工、材料、机械台班消耗定额的确定 ··········· 11
第一节 建筑工程作业研究 ··········· 11
第二节 测定时间消耗的基本方法 ··········· 15
第三节 人工消耗定额的确定 ··········· 23
第四节 材料消耗定额的确定 ··········· 33
第五节 机械台班消耗定额的确定 ··········· 40
思考题 ··········· 47

第三章 企业定额 ··········· 49
第一节 概述 ··········· 49
第二节 企业定额的编制方法 ··········· 54
第三节 企业定额的编制实例 ··········· 62
思考题 ··········· 76

第四章 建筑安装工程人工、材料、机械台班单价的确定方法 ··········· 77
第一节 人工单价的组成和确定方法 ··········· 77
第二节 材料价格的组成和确定方法 ··········· 79
第三节 施工机械台班单价的组成和确定方法 ··········· 83
思考题 ··········· 86

第五章 预算定额 ··········· 88
第一节 概述 ··········· 88
第二节 预算定额的编制方法 ··········· 93
第三节 预算定额的组成及应用 ··········· 97
第四节 单位估价表 ··········· 108
思考题 ··········· 112

第六章 概算定额、概算指标和投资估算指标 ··········· 115
第一节 概算定额 ··········· 115
第二节 概算指标 ··········· 120
第三节 投资估算指标 ··········· 126
思考题 ··········· 130

第七章 工程费用和费用定额 ··········· 131

第一节　工程费用 …………………………………………………………… 131
　　第二节　建筑安装工程费用定额 …………………………………………… 132
　　第三节　工程建设其他费用定额 …………………………………………… 142
　　思考题 ………………………………………………………………………… 148
第八章　工期定额 ………………………………………………………………… 150
　　第一节　概述 ………………………………………………………………… 150
　　第二节　建筑安装工期定额应用 …………………………………………… 153
　　第三节　建筑面积的计算 …………………………………………………… 158
　　思考题 ………………………………………………………………………… 170
参考文献 …………………………………………………………………………… 171

第一章 工程建设定额概论

第一节 工程建设定额的产生与发展

一、定额的一般概念

"定"就是规定,"额"就是数量,即是规定在生产中各种社会必要劳动的消耗量(活劳动和物化劳动)的标准尺度。

生产任何一种合格产品都必须消耗一定数量的人工、材料、机械台班,而生产同一产品所消耗的劳动量常随着生产因素和生产条件的变化而不同。一般来说,在生产同一产品时,所消耗的劳动量越大,则产品的成本越高,企业盈利就会降低,对社会贡献就会降低,反之,所消耗的劳动量越小,产品的成本越低,企业盈利就会增加,对社会贡献就会增加。但这时消耗的劳动量不可能无限地降低或增加,它在一定的生产因素和生产条件下,在相同的质量与安全要求下,必有一个合理的数额。作为衡量标准,同时这种数额标准还受到不同社会制度的制约。

因此,定额的定义可表述如下:

定额就是在一定的社会制度、生产技术和组织条件下规定完成单位合格产品所需人工、材料、机械台班的消耗标准。它反映着一定时期的生产力水平。

在数值上,定额表现为生产成果与生产消耗之间一系列对应的比值常数,用公式表示:

$$T_z = \frac{Z_{1,2,3,\cdots,n}}{H_{o\,1,2,3,\cdots,m}}$$

式中 T_z——产量定额;

H_o——单位劳动消耗量(例如,每一工日、每一机械台班等);

Z——与单位劳动消耗相对应的产量。

或

$$T_h = \frac{H_{1,2,3,\cdots,n}}{Z_{o\,1,2,3,\cdots,m}}$$

式中 T_h——时间定额;

Z_o——单位产品数量(例如,每 $1m^3$ 混凝土、每 $1m^2$ 抹灰、每 $1t$ 钢筋等);

H——与单位产品相对应的劳动消耗量。

产量定额与时间定额是定额的两种表现形式,在数值上互为倒数,即:

$$T_z = \frac{1}{T_h} \quad \text{或} \quad T_h = \frac{1}{T_z}$$

即

$$T_z \times T_h = 1$$

上式表明生产单位产品所需的消耗越少,则单位消耗获得的生产成果越大;反之亦然。它反映了经济效果的提高或降低。

工程建设定额是指在正常的施工条件下和合理的劳动组织、合理使用材料及机械的条件下,完成单位合格建设产品所必需的人工、材料、机械台班的数量标准。它反映了在一定的社会生产力水平条件下的建设产品生产与生产消费的数量关系。

在工程建设定额中,产品是一个广义的概念,它可以指工程建设的最终产品——建设项目(例如,一所学校、一座医院、一座工厂、一个住宅小区等),也可以是独立发挥功能和作用的某些完整产品——工程项目(例如,一所学校的教学大楼、学生宿舍、食堂等),也可以是完整产品中能单独组织施工的部分——单位工程(例如,教学大楼的土建工程、卫生技术工程、电气照明工程),还可以是单位工程中的基本组成部分——分部工程或分项工程(例如,土建工程中土石方工程、打桩工程、基础与垫层工程、砌筑工程、混凝土与钢筋混凝土工程、屋面工程等分部工程,混凝土与钢筋混凝土工程分部工程中柱、梁、板、墙、阳台、楼梯等分项工程)。工程建设定额中产品概念的范围之所以广泛,是因为工程建设产品具有构造复杂、产品形体庞大、种类繁多、生产周期长等技术特点。

二、定额水平

定额水平是指完成单位合格产品所需的人工、材料、机械台班消耗标准的高低程度,是在一定施工组织条件和生产技术下规定的施工生产中活劳动和物化劳动的消耗水平。

定额水平的高低,反映了一定时期社会生产力水平的高低,与操作人员的技术水平、机械化程度、新材料、新工艺、新技术的发展与应用有关,与企业的管理水平和社会成员的劳动积极性有关。所谓定额水平高是指单位产量提高,活劳动和物化劳动消耗降低,反映为单位产品的造价低,反之,定额水平低是指单位产量降低,消耗提高,反映为单位产品的造价高。

我们知道,产品的价值量取决于消耗于产品中的必要劳动消耗量,定额作为单位产品经济的基础,必须反映价值规律的客观要求。它的水平根据社会必要劳动时间来确定。

所谓社会必要劳动时间是指在现有的社会正常生产条件下,在社会的平均劳动熟练程度和劳动强度下,完成单位产品所需的劳动量。社会正常生产条件是指大多数施工企业所能达到的生产条件。

三、定额的产生和发展

定额的产生和发展与管理科学的产生与发展有着密切关系。

从历史发展来说,在小商品生产条件下,由于生产规模较小、技术水平较低,生产的产品也比较单纯,生产一件产品所需投入的劳动时间和材料、机械台班方面的数量,往往只要凭生产者生产经验就可估计出来了。这种经验他(她)们经常通过先辈或从师学艺或从书本记载中得到,而且可以世世代代传授下去。

18世纪末19世纪初,在技术水平最高、生产力水平最发达、资本主义发展最快的美国,形成了统一的管理理念。定额的产生就是与管理科学的形成和发展紧密地联系在一起的。它的代表人物有美国人泰勒和吉尔布雷斯等,而定额和企业管理成为科学应该说是从泰勒开始的,因而,泰勒在西方赢得"管理之父"的尊称。泰勒制的创始人是19世纪初的美国工程师泰勒（1856~1915年），当时美国资本主义已处于上升时期，工业发展得很快，机器设备虽然很先进，但由于采用传统的旧管理方法，工人劳动强度大，生产效率低，生产能力得不到充分发挥，这不仅严重阻碍了社会经济的进一步发展和繁荣，而且不利于资本家赚取更多的利润。在这种背景下，泰勒开始了企业管理的研究，他进行了多种试验，努力地把当时科学技术的最新成果应用于企业管理，他的目标就是提高劳动生产率、提高工人的劳动效率。他通过科学试验，对工作时间、操作方法、工作时间的组成部分等进行细致的研究，制定出最节约工作时间的标准操作方法。同时，在此基础上，要求工人取消那些不必要的操作程序，制定出水平较高的工时定额，用工时定额来评价工人工作的好坏。如果工人能完成或超额完成工时定额，就能得到远高于基础工资的工资报酬；如果工人达不到工时定额的标准，就只能拿到较低的工资报酬。这样工人势必要努力按标准程序去工作，争取达到或超过标准规定的时间，从而取得更多的工资报酬。在制定出较先进的工时定额的同时，泰勒还对工具设备、材料和作业环境进行了研究，并努力使其达到标准化。

泰勒制的核心可归纳为两个方面，即：第一，实行标准的操作方法，制定出科学的工时定额；第二，完善严格的管理制度，实行有差别的计件工资。泰勒制的产生和推行，在提高生产率方面取得了显著的效果，给资本主义企业管理带来了根本性的变革，同时也为当时资本主义企业带来了巨额利润。

继泰勒制以后，资本主义企业管理又有了新的发展，一方面，管理科学在操作方法、作业水平的科学组织的研究上有了新的扩展；另一方面，也利用现有自然科学和材料科学的新成果作为科学技术手段进行科学管理。20世纪20年代出现了行为科学，从社会学和心理学的角度，对工人在生产中的行为以及这些行为产生的原因进行研究，强调重视社会环境、人际关系对人的行为影响，着重研究人的本性和需要、行为和动机。行为科学采用诱导的方法，鼓励工人发挥主观能动性和创造性，来达到提高生产效率的目的。它较好地弥补了泰勒等人开创的科学管理的某些不足，更进一步丰富和完善了科学管理。20世纪70年代出现的系统管理理论，把管理科学与行为科学有机结合起来，从事物整体出发，系统地对劳动者、材料、机器设备、环境、人际关系等对工时产生影响的重要因素进行定性和定量相结合的分析与研究，从而选定适合本企业实际的最优方案，以此产生最佳效果，取得最好的经济效益。所以定额伴随管理科学的产生而产生，伴随管理科学的发展而发展。定额是企业管理科学化的产物，也是科学管理企业的基础和必要条件。

在我国古代工程建设中，已十分重视工料消耗计算。早在北宋时期，土木建筑家李诫编修的《营造法式》（公元1100年），就可看作是古代的工料定额。它既是土木建筑工程技术的巨著，也是工料计算方面的巨著。清朝工部《工程做法则例》中，也有许多内容是说明工料计算方法的，可以说它是主要的一部算工算料的著作。

建国以来，我国工程建设定额经历了开始建立和日趋完善的发展过程。最初是吸收劳动定额工作经验结合我国建筑工程施工实际情况，编制了适合我国国情并切实可行的定额。1951年制定了东北地区统一劳动定额，1955年劳动部和建筑工程部联合编制了全国统一的劳动定额，1956年在此基础上颁发了全国统一施工定额。这以后，我国工程建设定额经历了一个由分散到集中，由集中到分散，又由分散到集中的统一领导与分级管理相结合的发展过程。

十一届三中全会以后，我国工程建设定额管理得到了更进一步的发展。1981年国家建委颁发了《建筑工程预算定额》（修改稿），1986年国家计委颁发了《全国统一安装工程预算定额》，1988年建设部颁发了《仿古建筑及园林工程预算定额》，1992年建设部颁发了《建筑装饰工程预算定额》，1995年建设部颁发了《全国统一建筑工程基础定额》（土建部分），之后，又逐步颁发了《全国统一市政工程预算定额》和《全国统一安装工程预算定额》以及《全国统一建筑装饰装修工程消耗量定额》GYD—901—2002。各省、市、自治区也在此基础上编制了新的地区建筑工程预算定额。为更好地与国际接轨，建设部在2003年颁发了国家标准《建设工程工程量清单计价规范》GB 50500—2003，使我国的工程建设定额体系更加完善。

四、定额在现代经济生活中的地位

广义上，定额是一个规定的额度，是人们根据需要，对某一事物规定的数量标准。例如，分配领域的工资标准，生产和流通领域的原材料半成品、成品的消耗定额，技术方面的设计标准和规范，政治生活中的候选人名额、代表名额等等。

在现实经济生活和社会生活中，定额确实无处不在，因为人们需要利用它对社会经济生活复杂多样的事物进行计划、调节、组织、预测、控制、咨询等一系列管理活动。定额是科学管理的基础，也是现代管理科学中的重要内容和基本环节。正确认识定额在现代管理中的地位有利于我们吸收和借鉴各种先进管理方法，不断提高我们的科学管理水平，解决现代化建设中的各种复杂问题。

（一）为生产服务

它是节约社会劳动、提高劳动生产率的重要手段。定额水平直接反映劳动生产率水平，反映劳动和物质消耗水平。劳动生产率的提高实质上就是缩短生产单位产品所需劳动时间，即用较少的劳动消耗生产更多的合格产品。定额为参加产品生产的各方明确应达到的工作目标与评价尺度，有利于调动劳动者的积极性。同时，它也是实行生产管理和经济核算的基础。

（二）为分配服务

定额是实现分配、兼顾效率与社会公平方面的基础，没有定额作为评价标准，就不可能进行合理的分配。

（三）为宏观调控服务

我国社会主义经济是建立在公有制基础上的，它既要充分发展市场经济又要有计划的指导和调节。这就需要利用一系列定额，以便为预测、计划、调节和控制经济发展提出有技术依据的分析，提供可靠计量的标准。

（四）为产品组价服务

价值是价格的基础，而价值量取决于必须消耗的社会劳动量，定额是劳动消耗的标准，没有定额就不可能制定合理的价格。

（五）为评价经济效果服务

定额是分析评价经济效果的杠杆，没有定额，就会缺少同一标准下衡量经济效果的尺度，就不可能得到科学客观的经济效果评价。

从性质上讲，定额是社会生产管理的产物，具有技术和社会双重属性。在技术方面，定额反映为生产成果和生产消耗的客观规律和科学的管理方法。在社会方面，定额是一定生产关系的体现和反映，并具有法规性。

目前，管理科学已发展到相当的高度，但在经济管理领域仍然离不开定额，因为现代化管理不能没有科学的定量数据作为基础。当然，定额的管理体制和表现形式也须随时代的发展做出相应的变革。目前，我国建筑业为适应社会主义市场经济改革的需要，定额的强制性成分逐步弱化，而指导性将逐渐加强。

五、工程建设定额在我国社会主义市场经济条件下的作用

工程建设定额是固定资产再生产过程中的生产消耗定额，反映在工程建设中消耗在单位产品上的人工、材料、机械台班的规定额度。这种量的规定，反映了在一定社会生产力发展水平和正常生产条件下，完成建设工程中某项产品与各种生产消费之间的特定的数量关系。

十一届三中全会以来，我国的社会主义建设取得了举世瞩目的成就，党的十四大又明确指出我国经济体制改革的目标是建立社会主义市场经济体制，进一步解放和发展生产力。为加快建立社会主义市场经济体制改革步伐，十四大做出了若干重要的决定，并且明确确立了我国经济体制改革的目标模式是市场经济体制。

定额是企业管理科学化的产物，也是科学管理企业的基础和必备条件，在企业的现代化管理中一直占有着十分重要的地位。无论是在研究工作还是在实际工作中，都应重视工作时间和操作方法的研究，重视定额制度。

定额既不是"计划经济的产物"，也不是中国的特产和专利，定额与市场经济的共融性是与生俱来的。我们可以这样说，工程建设定额在不同社会制度的国家都需要，都将永远存在，并将在社会和经济发展中，不断地发展和完善，使之更适应生产力发展的需要，进一步推动社会和经济进步。定额管理的双重性决定了它在市场经济中具有重要的地位和作用。

（一）定额对提高劳动生产率起保证作用

我国处于社会主义初级阶段，初级阶段的根本任务是发展社会生产力。而发展社会生产力的任务就是要提高劳动生产率。

在工程建设中，定额通过对工时消耗的研究、机械设备的选择、劳动组织的优化、材料合理节约使用等方面的分析和研究，使各生产要素得到最合理的配合，最大限度地节约劳动力和减少材料的消耗，不断地挖掘潜力，从而提高劳动生产率和降低成本。通过工程建设定额的使用，把提高劳动生产率的任务落实到各项工作和每个劳动者，使每个工人都能明确各自目标、加快工作进度、更合理有效地利用和节约社会劳动。

（二）定额是国家对工程建设进行宏观调控和管理的手段

市场经济并不排斥宏观调控，利用定额对工程建设进行宏观调控和管理主要表现在以下三个方面：

第一，对工程造价进行宏观管理和调控。

第二，对资源进行合理配置。

第三，对经济结构进行合理的调控。包括对企业结构、技术结构和产品结构进行合理调控。

（三）定额有利于市场公平竞争

在市场经济规律作用下的商品交易中，特别强调等价交换的原则。所谓等价交换，就是要求商品按价值量进行交换，建筑产品的价值量是由社会必要劳动时间决定的，而定额消耗量标准是建筑产品形成市场公平竞争、等价交换的基础。

（四）定额有利于规范市场行为

建筑产品的生产过程是以消耗大量的生产资料和生活资料等物质资源为基础的。由于工程建设定额制定出以资源消耗量的合理配置为基础的定额消耗量标准，这样一方面制约了建筑产品的价格，另一方面企业的投标报价中必须要充分考虑定额的要求。可见定额在上述两方面规范了市场主体的经济行为，所以定额对完善我国建筑招投标市场起到十分重要的作用。

（五）定额有利于完善市场的信息系统

信息是建筑市场体系中不可缺少的要素，信息的可靠性、完备性和灵敏性是市场成熟和市场效率的标志。在建筑产品交易过程中，定额能为市场需求主体和供给主体提供较准确的信息，并能反映出不同时期生产力水平与市场实际的适应程度。所以说，由定额形成建立与完善建筑市场信息系统，是我国社会主义市场经济体制的一大特色。

第二节 工程建设定额的分类和特点

一、工程建设定额的分类

工程建设定额是根据国家一定时期的管理体制和管理制度，根据不同定额的用途和适用范围，由指定机构按照一定程序和规则来制定的。工程建设定额反映了工程建设产品和各种资源消耗之间的客观规律。工程建设定额是一个综合概念，它是多种类、多层次单位产品生产消耗数量标准的总和。为了对工程建设定额能有一个全面的了解，可以按照不同原则和方法对它进行科学分类。

（一）按照定额构成的生产要素分类

生产要素包括劳动者、劳动手段和劳动对象，反映其消耗的定额就分为人工消耗定额、材料消耗定额和机械台班消耗定额三种，如图 1-1 所示。

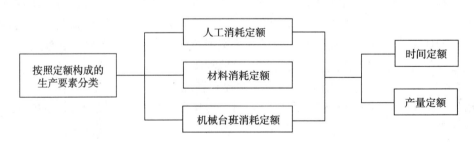

图 1-1 按照定额构成的生产要素分类

1. 人工消耗定额

简称为劳动定额。在施工定额、预算定额、概算定额等各类定额中，人工消耗定额都是其中重要的组成部分。人工消耗定额是完成一定的合格产品规定活劳动消耗的数量标准。为了便于综合和核算，劳动定额大多采用工作时间消耗量来计算劳动消耗的数量，所以劳动定额主要的表现形式是时间定额。但为了便于组织施工和任务分配，也同时采用产量定额的形式来表示劳动定额。

2. 材料消耗定额

简称材料定额。材料消耗定额是指完成一定合格产品所需消耗原材料、半成品、成品、构配件、燃料以及水电等的数量标准。材料作为劳动对象是构成工程的实体物资，需用数量较大，种类较多，所以材料消耗定额亦是各类定额的重要组成部分。

3. 机械台班消耗定额

简称机械定额。它和人工消耗定额一样，在施工定额、预算定额、概算定额等多种定额中，都是其中的组成部分。机械台班消耗定额是指为完成一定合格产品所规定的施工机械消耗的数量标准。机械台班消耗定额的表现形式有机械时间定额和机械产量定额。

（二）按照定额的编制程序和用途分类

根据定额的编制程序和用途把工程建设定额分为施工定额、预算定额、概算定额、概算指标和投资估算指标等五种，如图1-2所示。

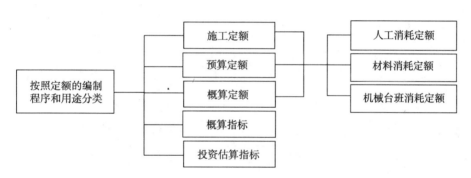

图1-2 按照定额的编制程序和用途分类

1. 施工定额

它是以同一性质的施工过程（工序）为编制对象，规定某种建筑产品的劳动消耗量、材料消耗量和机械台班消耗量。施工定额是施工企业组织生产和加强管理的企业内部使用的一种定额，属于企业生产定额性质。施工定额的项目划分很细，是工程建设定额中分项最细、定额子目最多的一种定额，是工程建设定额中的最基础定额，也是编制预算定额的基础。

2. 预算定额

它是以各分项工程或结构构件为编制对象，规定某种建筑产品的劳动消耗量、材料消耗量和机械台班消耗量。一般在定额中列有相应地区的单价，是计价性的定额。预算定额在工程建设中占有十分重要的地位，从编制程序看施工定额是预算定额的编制基础，而预算定额则是概算定额、概算指标或投资估算指标的编制基础，可以说预算定额在计价定额中是基础性定额。

3. 概算定额

它是以扩大分项工程或扩大结构构件为编制对象，规定某种建筑产品的劳动消耗量、材料消耗量和机械台班消耗量，并列有工程费用，也属于计价性定额。它的项目划分的粗细，与扩大初步设计的深度相适应。它是预算定额的综合和扩大，概算定额是控制项目投资的重要依据。

4. 概算指标

它是以整个房屋或构筑物为编制对象，规定每100m^2建筑面积（或每座构筑物体积）为计量单位所需要的人工、材料、机械台班消耗量的标准。它比概算定额更进一步综合扩大，更具有综合性。

5. 投资估算指标

它是以独立单项工程或完整的工程项目为计算对象，它是在项目投资需要量时使用的定额。它综合性与概括性极强，其综合概略程度与可行性研究阶段相适应。投资估算指标是以预算定额、概算定额、概算指标为基础编制的。

（三）按照编制单位和执行范围不同分类

工程建设定额可分为全国统一定额、行业统一定额、地区统一定额、企业定额和补充定额五种，如图1-3所示。

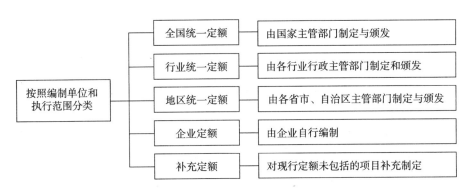

图1-3 按编制单位和执行范围分类

1. 全国统一定额

它是由国家建设行政主管部门综合我国工程建设中技术和施工组织技术条件的情况编制的，在全国范围内执行的定额。例如，全国统一的劳动定额、全国统一的市政工程定额、全国统一的安装工程定额、全国统一的建筑工程基础定额、全国统一的建筑装饰装修工程消耗量定额等。

2. 行业统一定额

它是由各行业行政主管部门充分考虑本行业专业技术特点、施工生产和管理水平而编制的，一般只在本行业和相同专业性质的范围内使用的定额。这种定额往往是为专业性较强的工业建筑安装工程制定的。例如，铁路建设工程定额、水利建筑工程定额、矿井建设工程定额等。

3. 地区统一定额

它是由各省、市、自治区在考虑地区特点和统一定额水平的条件下编制的，只在规定的地区范围内使用的定额。例如，一般地区适用的建筑工程预算定额、概算定额、园林定额等。

4. 企业定额

它是由施工企业根据本企业具体情况，参照国家、部门和地区定额编制方法制定的定额。企业定额只在本企业内部执行，是衡量企业生产力水平的一个标志。企业定额水平一般应高于国家现行定额，才能满足生产技术发展、企业管理和市场竞争的需要。

5. 补充定额

它是指随着设计、施工技术的发展，在现行定额不能满足需要的情况下，为补充现行定额中漏项或缺项而制定的。补充定额是只能在指定的范围内使用的指标。

（四）按照专业分类

工程建设定额可分为建筑工程定额、安装工程定额、仿古建筑及园林工程定额、装饰工程定额、公路工程定额、铁路工程定额、井巷工程定额、水利工程定额等，如图1-4所示。

（五）按照投资费用分类

按照投资费用分类，工程建设定额可分为直接工程费定额、措施费定额、利润和税金定额、间接费定额、设备及工器具定额、工程建设其他费用定额，如图1-5所示。

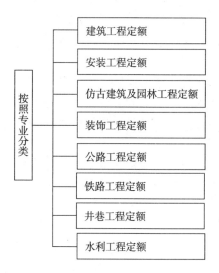

图1-4 定额按照专业分类

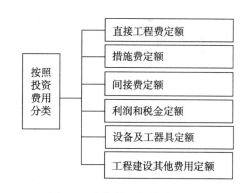

图1-5 定额按照投资费用分类

二、工程建设定额的特点

（一）定额的科学性

工程建设定额的制定是在当时的实际生产力水平条件下，经过大量的测定，在综合、分析、统计、广泛搜集资料的基础上，根据客观规律的要求，用科学的方法确定的各项消耗标准。它能正确反映当前工程建设生产力水平。

定额的科学性，首先表现在用科学的态度制定定额，尊重客观实际，定额水平合理；其次表现在制定定额的技术方法上，利用现代科学管理的成就，形成一套系统的、完整的、在实践中行之有效的方法；第三表现在定额制定和贯彻一体化。制定是为了提供贯彻的依据，贯彻是为了实现管理的目标，也是对定额的信息反馈。

（二）定额的系统性

工程建设定额是由各种内容结合而成的有机整体，有鲜明的层次和明确的目标。建设定额的系统性是由工程建设的特点决定的。工程建设本身的多种类、多层次就决定了它的服务工程建设定额的多种类、多层次。

（三）定额的统一性

工程建设定额的统一性，主要是由国家对经济发展的有计划的宏观调控职能决定的。工程建设定额的统一性按照其影响力和执行范围来看，有全国统一定额、行业统一定额、地区统一定额等；按照定额的制定、颁布和贯彻使用来看，有统一的程序、统一的原则、统一的要求和统一的用途。

（四）定额的指导性

工程建设定额是由国家或其授权机关组织编制和颁发的一种综合消耗指标，它是根据客观规律的要求，用科学的方法编制而成的，因此在企业定额尚未普及的今天，工程造价的确定和控制仍是十分重要的指导性依据。另一方面，企业编制企业定额时，它也是重要的参考依据，同时政府投资工程的造价确定与控制仍离不开定额。

应当指出，在社会主义市场经济不断深化的今天，对定额的权威性标准应逐步弱化，因为定额毕竟是主观对客观的反映，定额的科学性会受到人们的知识的局限，随着多元化投资格局的逐渐形成，业主可自主地调整自己的决策行为，定额的指导性会逐渐加强。

（五）定额的相对稳定性和时效性

工程建设定额中的任何一种都是一定时期技术发展和管理水平的反映，因而在一段时间内都表现出稳定的状态。稳定的时间有长有短，一般在 5~10 年之间。社会生产力的发展有一个由量变到质变的变动周期。当生产力向前发展了，原有定额已不能适应生产需要时，就要根据新的情况对定额进行修订、补充或重新编制。

随着我国社会主义市场经济不断深化，定额的某些特点也会随着建筑体制的改革发展而变化，如强制性成分会逐步减少，指导性、参考性会更加突出。

思 考 题

1. 什么是定额？什么是工程建设定额？
2. 什么是定额水平？定额水平高低意味着什么？
3. 泰勒制的核心是什么？
4. 定额在经济生活中的地位是什么？
5. 工程建设定额在我国社会主义市场经济条件下的作用是什么？
6. 一个成熟而有效率的市场最明显的标志是什么？
7. 为什么说定额是市场经济的产物，它随着市场经济的发展而发展？
8. 定额的特性是什么？
9. 工程建设定额是按什么进行分类的？各分为哪几类？
10. 定额中最基础性的定额是什么？哪些定额属于计价性定额？计价性定额中最基础性的定额是什么？

第二章 人工、材料、机械台班消耗定额的确定

第一节 建筑工程作业研究

一、施工过程的含义

施工过程是指在建筑工地范围内所进行的生产过程。其最终目的是建造、恢复、改建、移动或拆除工业、民用建筑物或构筑物的全部或一部分。

建筑安装施工过程由劳动者、劳动对象、劳动工具三大要素组成。也就是说施工过程完成必须具备以下三个条件：

（1）施工过程是由不同工种、不同技术等级的建筑安装工人完成的；

（2）必须有一定的劳动对象——建筑材料、半成品、成品、构配件；

（3）必须有一定的劳动工具——手动工具、小型机具和机械等。

二、施工过程的分类

研究施工过程，首先是对施工过程进行分类。对于施工过程进行分类，目的是通过对施工过程的组成部分进行分解，并按不同的完成方法、劳动分工、组织复杂程度来区别和认识施工过程的性质和包含的全部内容。

1. 根据施工过程的完成方法不同分类（图2-1）
2. 根据施工过程劳动分工的特点不同分类（图2-2）

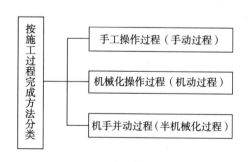

图2-1 按施工过程完成方法分类

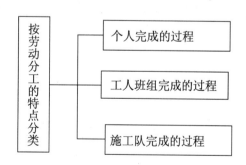

图2-2 按劳动分工的特点分类

3. 根据施工过程组织的复杂程度分类（图2-3）

（1）工序。工序是指组织上不可分割的，在操作过程中技术上属于同类的施工过程。工序的主要特征为：工人班组、工作地点、施工工具和材料均不发生变化。如果上述因素中有一个因素发生变化，就意味着从一个工序转入另一个工序。从施工的技术操作和组织

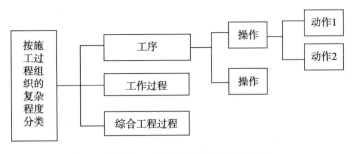

图 2-3　按施工过程组织的复杂程度分类

观点看,工序是工艺方面最简单的施工过程。但是,如果从劳动过程的观点来看,工序又可以分解为操作和动作。施工操作是一个施工动作接一个施工动作的结合;施工动作是施工工序中最小的可以测算的部分。

例如,钢筋工程这一施工过程可分为钢筋调直、钢筋切断、钢筋弯曲、钢筋绑扎等工序,而其中钢筋切断这一个"工序",可以分解为以下"操作":①到钢筋堆放处取钢筋;②把钢筋放到作业台上;③操作钢筋切断机;④取下剪切好的钢筋;⑤送至指定的堆放地点。

其中"到钢筋堆放处取钢筋"这个"操作"可分解成以下"动作":①走到钢筋堆放处;②弯腰;③抓取钢筋;④直腰;⑤回到作业台。具体过程如图 2-4 所示。

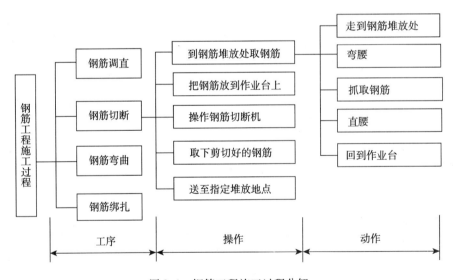

图 2-4　钢筋工程施工过程分解

工序可以由一个人完成,也可以由班组或施工队的几名工人协作完成;可以由手动完成,也可以由机械完成。在机械化的施工工序中,又可以包括由人工自己完成的各项操作和由机器完成的工作两部分。在用计时观察法来制定劳动定额时,工序是主要的研究对象。

(2)工作过程。工作过程是由同一工人或同一工人班组所完成的技术操作上相互有机联系的工程总合体。其特点是人员不变、工作地点不变,而材料和工具可以变换。如砌墙工作过程由调制砂浆、运输砂浆、运砖、砌墙等工作过程组成。

（3）综合工作过程。综合工作过程是指由几个在工艺上、操作上直接相关，最终为共同完成同一产品而同时进行的几个工作过程的综合。例如，混凝土结构构件的综合施工过程，由浇捣工程、钢筋工程、混凝土工程等工作过程组成。

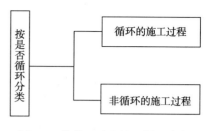

图 2-5　按施工过程是否循环分类

4. 根据施工过程是否循环分类（图 2-5）

三、影响施工过程的主要因素

施工过程中各个工序工时的消耗数值，即使在同一工地、同一工作环境条件下，也常常会由于施工组织、劳动组织、施工方法和工人劳动素质、情绪、技术水平的不同而有很大的差别。对单位建筑产品工时消耗产生影响的各种因素，称为施工过程的影响因素。

根据施工过程影响因素的产生和特点，施工过程的影响因素可分为技术因素、组织因素和自然因素三类。

（1）技术因素。包括以下几类：
1）产品的类别和质量要求；
2）所用材料、半成品、构配件的类别、规格、性能；
3）所用工具和机械设备的类别、型号、性能及完好情况。

例如，砖墙施工过程的技术因素包括墙的厚度，门窗面积，墙面艺术形式，砖的种类、规格、质量，砌墙的种类，使用工具等。

（2）组织因素。包括以下几类：
1）施工组织与施工方法；
2）劳动组织和分工；
3）工人技术水平、操作方法和劳动态度；
4）工资分配形式；
5）原材料和构配件的质量与供应组织。

（3）自然因素。包括气候条件、地质情况、人为障碍等。

四、工人工作时间的分类

所谓工作时间，就是指工作班的延续时间。国家现行制度规定为 8h 工作制，即日工作时间为 8h。

研究施工过程中的工作时间及其特点，并对工作时间的消耗进行科学的分类，是制定劳动定额的基本内容之一。

工人在工作班内从事施工过程中的时间消耗有些是必需的，有些则是损失掉的。

按其消耗的性质可以分为两大类：必须消耗的时间（定额时间）和损失时间（非定额时间），如图 2-6 所示。

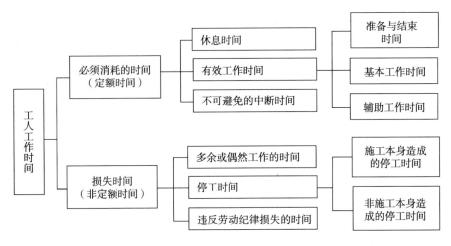

图 2-6 工人工作时间构成图

（一）必须消耗的时间（定额时间）

指工人在正常的施工条件下，完成某一建筑产品（或工作任务）必须消耗的工作时间，用 T 表示。由有效工作时间、休息时间和不可避免的中断时间三部分组成。

（1）有效工作时间。从生产效果来看，与产品生产直接有关的时间消耗，包括基本工作时间、辅助工作时间、准备与结束时间。

1）基本工作时间。指工人直接完成一定产品的施工工艺过程所必须消耗的时间。通过基本工作，使劳动对象直接发生变化：可以使材料改变外形，如钢筋弯曲加工；可以改变材料的结构与性质，如混凝土制品可以使预制构件安装组合成型；可以改变产品的外部及表面的性质，如粉刷、油漆等。基本工作时间的长短与工作量的大小成正比。

2）辅助工作时间。指与施工过程的技术操作没有直接关系的工序，为了保证基本工作的顺利进行而做的辅助性工作所消耗的时间。辅助性工作不直接导致产品的形态、性质、结构或位置发生变化。例如，机械上油、小修，转移工作地等均属辅助性工作。

3）准备与结束时间。指执行任务前或任务完成后所消耗的时间。一般分班内准备与结束时间和任务内准备与结束时间两种。班内准备与结束时间包括如工人每天从工地仓库取工具、设备，工作地点布置，机器开动前的观察和试车的时间，交接班时间等。任务内的准备与结束工作时间包括如接受施工任务书、研究施工图纸、接受技术交底、验收交工等工作所消耗的时间。

班内准备与结束时间的长短与所提供的工作量大小无关，但往往和工作内容有关。

（2）不可避免的中断时间。指由于施工过程中施工工艺特点引起的工作中断所消耗的时间。例如，汽车司机在等待汽车装、卸货时消耗的时间，安装工等待起重机吊预制构件的时间等。与施工过程工艺特点有关的中断时间应作为必须消耗的时间，但应尽量缩短此项时间消耗。与施工工艺特点无关的工作中断时间是由于施工组织不合理引起的，属于损失时间，不能作为必须消耗的时间。

（3）休息时间。指工人在施工过程中为保持体力所必需的短暂休息和生理需要的时间消耗。例如，施工过程中喝水、上厕所、短暂休息等。这种时间是为了保证工人精力集中地进行工作，应作为必须消耗的时间。

休息时间的长短与劳动条件、劳动强度、工作性质等有关，在劳动条件恶劣、劳动强度大等的情况下，休息时间要长一些，反之可短一些。

（二）损失时间（非定额时间）

损失时间，是指与产品生产无关，而与施工组织和技术上的缺点有关，与工人在施工过程中的个人过失或某些偶然因素有关的时间消耗。包括多余和偶然工作的时间、停工时间、违反劳动纪律的时间三部分。

1. 多余、偶然工作的时间

（1）多余工作的时间。指工人进行了任务以外而又不能增加产品数量的工作。例如，某项施工内容由于质量不合格重新进行返工。多余工作的时间损失，一般都是由于工程技术人员或工人的差错而引起的，不是必须消耗的时间，不应计入定额时间内。

（2）偶然工作的时间。工人在任务外进行的，但能够获得一定产品的工作。如日常架子工在搭设脚手架时需要在架子上架网；而抹灰工在抹灰前必须先补上遗留的孔洞等；钢筋工在绑扎钢筋前必须对木工遗留在板内的杂物进行清理等。从偶然工作的性质看，不应该考虑它是必须消耗的时间，但由于偶然工作能获得一定产品，拟定定额时要适当考虑它的影响。

2. 停工时间

指工作班内停止工作造成的时间损失。停工时间按其性质可分为施工本身造成的停工时间和非施工本身造成的停工时间两种。

（1）施工本身造成的停工时间。指由于施工组织不合理、材料供应不及时、工作没有做好、劳动力安排不当等情况引起的停工时间。这类停工时间在拟定定额时不应该考虑。

（2）非施工本身造成的停工时间。指由于气候条件以及水源、电源中断引起的停工时间，这类时间在拟定定额时应给予合理的考虑。

3. 违反劳动纪律损失的时间

指违反劳动纪律的规定造成工作时间损失。包括工人在工作班内的迟到、早退、擅自离岗、工作时间内聊天、打扑克、办私事等造成的时间损失。也包括由于一个或几个工人违反劳动纪律而影响其他工人无法工作的时间损失。此项时间损失不应允许存在，因此在定额中是不应该考虑的。

第二节　测定时间消耗的基本方法

时间消耗测定是制定定额的一个主要步骤。测定时间消耗是用科学的方法观察、记录、整理、分析施工过程，为制定建筑工程定额提供可靠依据。测定时间消耗通常使用计时观察法。

一、计时观察法的含义与作用

计时观察法，是研究工作时间消耗的一种技术观察方法。它以研究工时消耗为对象，以观察测时为手段，通过密集抽样和粗放抽样等技术进行直接的时间研究。计时观察法用于建筑施工中，它是通过实地观察施工过程的具体活动，详细记录工人和施工机械的工时消耗，测定完成建筑产品所需时间数量和有关影响因素，再进行分析整理，测定可靠的数值，也称之为现场观察法。因此计时观察法的主要目的，在于查明工作时间消耗的性质和数量；查明和确定各种因素对工作时间消耗数量的影响；找出工时损失的原因并研究缩短工时、减少损失的可能性。

通过计时观察法测定所得的资料，不仅能为制定定额提供基础数据，而且能为改善施工组织管理、改善工艺过程和操作方法、消除不合理的工时损失和进一步挖掘生产潜力提供技术根据。同时，也是总结和推广先进施工经验的有效方法，可促进工人生产班组不断改进生产措施，创造条件提高生产效率，取得最佳效益。

计时观察法有充分的科学依据，制定的定额比较合理先进，有广泛用途和很多优点。但是这种方法工作量较大，技术性比较强，工作周期也较长，测定方法比较复杂，使它的应用得到一定限制。它一般用于产品量大且品种少、施工条件比较正常、施工时间长的施工过程。

二、计时观察法的步骤

利用计时观察法编制人工消耗定额（劳动定额）和机械台班定额，一般按如下步骤进行：

（1）确定计时观察的施工过程；
（2）划分施工过程的组成部分；
（3）选择正常施工条件；
（4）选定观察对象；
（5）观察测时；
（6）整理和分析观察资料；
（7）编制定额。

三、测时观察前的准备工作

（1）明确测定的目的，正确选择测定对象。我们进行技术测定时，就应首先明确测定的目的，根据不同的测定目的选择测定对象，才能获得所需要的技术测定资料。

（2）熟悉所测施工过程的技术资料和现行劳动定额的规定。在明确了测定目的和选择好测定对象后，测定人员即应熟悉所测施工过程的图纸、施工方案、施工准备、施工日期、产品特征、劳动组织、材料供应、操作方法；熟悉现行劳动定额的有关规定、现行建筑安装工程施工及验收规范、技术操作规程及安全操作规程等有关技术资料。

（3）划分所测施工过程的组成部分。将所要测定的施工过程，分别按工序、操作或动作划分为若干组成部分，其目的是为了便于准确地记录时间，进行分析研究。所测施工过程的组成部分是否划分恰当，直接影响到测定资料的效果。

（4）测定工具的准备。为了满足技术测定过程中的实际需要，应准备好记录夹、测定所需的各式表格、计时器（表）、衡器、照相机以及其他必需的用品和文具等。

四、计时观察法的主要测时方法

根据具体任务、对象和方法不同，计时观察法通常采用的主要方法有：测时法、写实记录法、工作日写实法3种，如图2-7所示。

（一）测时法

1. 测时法

测时法是一种精确度比较高的测定方法。主要适用于研究以循环形式不断重复进行的作业。它用于观察研究施工过程循环组成部分的工作时间消耗，不研究工作休息、准备与结束及其他非循环的工作时间。根据记录时间的方法不同，分为选择测时法和接续测时法两种。

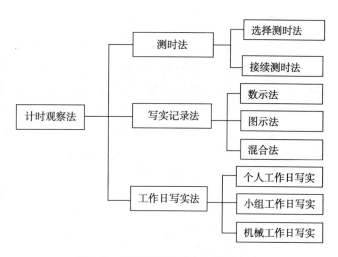

图2-7 计时观察法的主要测时方法

（1）选择测时法。选择测时法又称间隔计时法，它是间隔选择施工过程中非紧连接的组成部分（工序或操作）测定工作时间。精确度达0.5s。

采用选择测时法，当测定开始时，观察者立即开动秒表，当该工序或操作结束，则立即停止秒表。然后，把秒表上指示的延续时间记录到选择测时法记录表上。当下一工序或操作开始时，再开动秒表，如此依次观察，并连续记录下延续时间。

选择测时法比较容易掌握，使用比较广泛，它的缺点是测定开始和结束的时间时，容易发生读数的偏差。

表2-1是选择测时法记录表的表格形式。

选择测时法记录表　　表2-1

观察对象：	施工单位名称	工程名称	日期	开始时间	终止时间	延续时间	观察号次	页次

观察精确度：0.5s	施工过程名称：														
号次	各组成部分名称	定时点	每一次循环的工作时间消耗										工人人数	时间整理	与每循环时间（%）
			1	2	3	4	5	6	7	8	9	10		时间总和 / 循环次数 / 最大 / 最小 / 算术平均值 / 平均修正值	
			min s	min s	min s	min s	min s	min s	min s	min s	min s	min s			
	合计														
附注：															
观察者：															

（2）接续测时法。接续测时法又称连续测时法，它是对施工过程循环的组成部分进行不间断的连续测定，不遗漏任何工序或动作的终止时间，并计算出本工序的延续时间。其

计算公式为：

本工序的延续时间 = 本工序的终止时间 - 紧前工序的终止时间

接续测时法比选择测时法准确、完善，因为接续测时法包括了施工过程的全部循环时间，且在各组成部分延续时间之间的误差可以互相抵销。但观察技术要求较高。它的特点是在工作进行中和非循环组成部分出现之前一直不停止秒表，秒针走动过程中，观察者根据各组成部分之间的定时点，记录它的终止时间。因此，在测定时间时应使用具有辅助秒针的记时表（即人工秒表），以便使其辅助针停止在某一组成部分的结束时间上。

表 2-2 为接续测时法记录表的表格形式。

接续测时法记录表　　　　　　　　　表 2-2

观察对象：	接续测时法	施工单位名称	工程名称	日期	开始时间	终止时间	延续时间	观察号次	页次
观察精确度：0.5s		施工过程名称：							

号次	各组成部分名称	时间	单位（每一循环）名称										工人人数	时间整理					与每循环时间（%）
			1	2	3	4	5	6	7	8	9	10		时间总和	循环次数	最大	最小	算术平均值	平均修正值
			min s	min s	min s	min s	min s	min s	min s	min s	min s	min s							
1		起止时间																	
		延续时间																	
2		起止时间																	
		延续时间																	
3		起止时间																	
		延续时间																	
4		起止时间																	
		延续时间																	
5		起止时间																	
		延续时间																	
6		起止时间																	
		延续时间																	
7	合　计																		

附注：

观察者：

2. 测时法的观察次数

观察次数的多少，直接影响到测时资料的准确程度。一般来说，观察的次数越多，资料的准确性越高，但要花费较多的时间和人力，这样既不经济，也不现实。表 2-3 列出的测时所必需的观察次数表，可供测定过程中检查所测次数是否满足需要。

测时所必需的观察次数表 表2-3

稳定系数 K_p \ 精确度要求 观察次数	算术平均值精确度 E（%）				
	5 以内	7 以内	10 以内	15 以内	20 以内
1.5	9	6	5	5	5
2	16	11	7	5	5
2.5	23	15	10	6	5
3	30	18	12	8	6
4	39	25	15	10	7
5	47	31	19	11	8

表中稳定系数
$$K_p = \frac{t_{max}}{t_{min}}$$

式中　t_{max}——最大观察值；
　　　t_{min}——最小观察值。

算术平均值精确度的计算公式为：

$$E = \pm \frac{1}{\overline{X}} \sqrt{\frac{\sum \Delta^2}{n(n-1)}}$$

式中　E——算术平均值精确度；
　　　$\overline{X}$——算术平均值；
　　　n——观察次数；
　　　Δ——每一观测值与算术平均值的偏差。

例 2-1　某一施工工序共观察 12 次，所测得观测值分别为 40、35、30、28、31、36、29、30、50、32、33、34。试检查观察次数是否满足需要？

解　（1）首先计算算术平均值 $\overline{X}$

$$\overline{X} = \frac{40+35+30+28+31+36+29+30+50+32+33+34}{12} = 34$$

（2）计算各观测值与算术平均值的偏差（Δ）

偏差（Δ）分别为：+6、+1、-4、-6、-3、+2、-5、-4、+16、-2、-1、0

（3）计算算术平均值精确度

$$E = \pm \frac{1}{\overline{X}} \sqrt{\frac{\sum \Delta^2}{n(n-1)}}$$

$$= \pm \frac{1}{34} \sqrt{\frac{6^2+1^2+4^2+6^2+3^2+2^2+5^2+4^2+16^2+2^2+1^2+0^2}{12 \times (12-1)}}$$

$$= 5.15\%$$

（4）计算稳定系数

$$K_p = \frac{t_{max}}{t_{min}} = \frac{50}{28} = 1.78$$

根据以上所求得的稳定系数和算术平均值精确度，即可查阅表 2-3 测时所必需的观察次数表。表中规定算术平均值精确度在7%以内，稳定系数在2以内时，应测定11次。显然，本工序的观察次数已满足要求。

3. 测时数列的整理

测时数列的整理，一般可采用算术平均法。有时测时数列中个别延续时间误差较大，影响算术平均值的准确性，为了使算术平均值更加接近于各组成部分延续时间正确值，在整理测时数列时可进行必要的清理，删去那些显然是错误的以及误差极大的数值。通过清理后所得出的算术平均值，通常称之为平均修正值。

清理误差大的数值时，不能单凭主观想象，这样就失去技术测定的真实性和科学性。为了妥善清理此类误差，可参照下列调整系数表（表2-4）和误差极限算式进行。

极限算式如下：

$$\lim_{max} = \bar{X} + K(t_{max} - t_{min})$$

$$\lim_{min} = \bar{X} - K(t_{max} - t_{min})$$

式中　$\lim_{max}$——根据误差理论得出的最大极限值；

　　　$\lim_{min}$——根据误差理论得出的最小极限值；

　　　$\bar{X}$——算术平均值；

　　　K——调整系数（表2-4）。

误差调整系数表　表2-4

观察次数	K
5	1.3
6	1.2
7~8	1.1
9~10	1.0
11~15	0.9
16~30	0.8
31~53	0.7
53以上	0.6

清理的方法为：首先，从数列中删去因人为因素影响而出现的误差极大的数值；然后，根据保留下来的测时数列值，试抽去误差极大的可疑数值，用误差调整系数表和误差极限算式求出最大极限或最小极限；最后，再从数列中抽去最大或最小极限之外误差极大的可疑数值。

例2-2　试对例2-1中测时数列进行整理。

解　例2-1数列中误差大的可疑数值为50，根据上述清理方法抽去这一数值。然后，根据误差极限算式计算其最大极限。

$$\bar{X} = \frac{40+35+30+28+31+36+29+30+32+33+34}{11} = 32.55$$

$$\lim_{max} = \bar{X} + K(t_{max} - t_{min}) = 32.55 + 1 \times (40-28) = 44.55 < 50$$

综上所述，该工序数列中必须抽去可疑数值50，其算术平均修正值为32.55。

（二）写实记录法

写实记录法是一种测定各种性质的工作时间消耗的方法，包括工人的基本工作时间、不可避免中断时间、辅助工作时间、准备与结束工作时间、休息时间及各种损失时间等。采用这种方法可以获得人工工作时间消耗的全部资料。这种测时方法比较简便、实用、容易掌握，并且能达到一定的精确度。因此，这种方法在实际中应用十分广泛。

写实记录法分为个人写实和集体写实两种。如果作业是由一个人来操作，而且产品数量能够单独计时，可以采用个人写实记录法。如果是由集体合作生产一个产品，同时产品的数量又不能分开计算时，可以采用集体写实记录法。写实记录法按记录时间的方法不同分为数示法、图示法和混合法三种。

（1）数示法。数示法是写实记录中精确度较高的一种，可以同时对两个以内的工人进行测定，测定的时间消耗，记录在专门的数示法写实记录表中。用数示法可以对整个工作班或半个工作班工人或机器工作情况进行记录。这种方法适用于组成部分较少而且比较稳定的施工过程。数示法写实记录样表见表2-5。

数示法写实记录表　　　　　　　　　　　　　表2-5

工地名称			开始时间	8时33分		延续时间	1时21分40秒		调查号次	1
施工单位名称			终止时间	9时54分40秒		记录日期			页　次	3
施工过程：双轮车运土方，200m运距				观察对象：			观察对象：			

号次	施工过程组成部分名称	时间消耗量	组成部分号次	起止时间 时-分	秒	延续时间	完成产品 计量单位	数量	附注	组成部分号次	起止时间 时-分	秒	延续时间	完成产品 计量单位	数量	附注
一	二	三	四	五	六	七	八	九	十	十一	十二	十三	十四	十五	十六	十七
1	装　土	29′35″	×	8-33	0					1	9-16	50	3′40″			
2	运　输	21′26″	1	35	50	2′50″	m³	0.288	产量计算如下：	2	19	10	2′20″			
3	卸　土	8′59″	2	39	0	3′10″	次	1	每车容积=	3	20	10	1′			
4	空　返	18′5″	3	40	20	1′20″	m³	0.288	1.2×0.6× 0.4=0.288	4	22	30	2′20″			
5	等候装土	2′5″	4	43	0	2′40″	次	1	共运土8车	1	26	30	4′			
6	喝　水	1′30″	1	46	30	3′30″			8×0.288 =2.3m³	2	29	0	2′30″			
			2	49	0	2′30″			（按余松土计算）	3	30	0	1′			
			3	50	0	1′				4	32	50	2′50″			
			4	52	30	2′30″				5	34	55	2′05″			⑤工作面小、等候装土
			1	56	40	4′10″				1	38	50	3′55″			
			2	59	10	2′30″				2	41	56	3′6″			
			3	9-00	20	1′10″				3	43	20	1′24″			
			4	3	10	2′50″				4	45	50	2′30″			
			1	6	50	3′40″				1	49	40	3′50″			
			2	9	40	2′50″				2	52	10	2′30″			
			3	10	45	1′05″				3	53	10	1′			
			4	13	10	2′25″				6	54	40	1′30″			⑥喝水
		81′40″				40′10″							41′30″			

观察者：

（2）图示法。图示法写实记录是用规定格式的数量，用时间进度线条来表示工时消耗的一种记录方式。适用于观察三个以内的工人共同完成某一产品的施工过程。这种方法与数示法比较，主要的优点是记录技术简单、直观、记录时间一目了然，原始记录整理十分方便。因此，在实际工作中，图示法较数示法的使用更为普遍。图示法写实记录样表见表2-6。

图示法写实记录表　　　　　　　表 2-6

工地名称	××工地	开始时间	9时	延续时间	1h	调查号次	
施工单位		终止时间	10时	记录日期	2003.7.20	页　次	
施工过程	砌1砖厚标准砖墙	观察对象		甲、乙（四级工）丙（三级工）			

号次	各组成部分名称	时间（min） 5　10　15　20　25　30　35　40　45　50　55　60	时间合计（min）	产品数量	附注
1	准　备		10		
2	拉　线		6		
3	铺灰砌砖		139	0.55m³	
4	浇　水		5	5次	
5	摆放钢筋				
6	帮普工搬砖		18		
7	等灰浆		2		
	合　计		180		

观察者：

（3）混合法。混合法写实记录的特征是吸取了图示法和数示法的优点，用图示法的时间进度线条表示所测施工过程各组成部分的延续时间，在进度线上部用数字来表示每一组成部分的工人人数。这种方法适用于同时观察三个以上工人共同完成某一产品的施工过程。它的优点是比较经济，这一点是数示法和图示法都不能做到的。混合法记录时间仍采用图示法写实记录表。混合法写实记录样表见表2-7。

（三）工作日写实法

指对工人在整个工作日中的工时利用情况按照时间消耗的顺序进行观察、记录的分析研究的一种测定方法。它是一种记录整个工作班内的各种损失时间、休息时间和不可避免中断时间的方法，也是研究有效工作时间消耗的一种方法。

运用工作日写实法主要有两个目的：一是取得编制定额基础资料；二是检查定额的执行情况，找出缺点，改进工作。

根据写实对象的不同，工作日写实法可分为个人工作日写实、小组工作日写实和机械工作日写实三种。个人工作日写实是测定一个工人在工作日的工时消耗；小组工作日写实是测定一个小组的工人在工作日内的工时消耗，它可以是相同工种的工人，也可以是不同工种的工人；机械工作日写实是测定某一机械在一个台班内机械发挥的程度。

混合法写实记录表   表 2-7

工地名称	××工地	开始时间	9时	延续时间	1h	调查号次	
施工单位		终止时间	10时	记录日期	2003.4.28	页　次	
施工过程	浇捣混凝土柱（机拌人捣）		观察对象	甲、乙（四级工）；三个丙（三级工）；丁（普工）			

号次	各组成部分名称	时间（min）	时间合计（min）	产品数量	附注
1	撒　锹		78	1.85m³	
2	捣　固		149	1.85m³	
3	转　移		102	3次	
4	等混凝土		21		
5	做其他工作		10		
	合　计		360		

观察者：

工作日写实法与测时法、写实法记录比较，具有技术简便、费时不多、应用广泛和资料全面的优点。在我国是一种采用较为广泛的编制定额的方法。

第三节　人工消耗定额的确定

一、人工消耗定额的概念

（一）人工消耗定额（也称劳动定额）

指在正常技术组织条件和合理劳动组织条件下，生产单位合格产品所需消耗的工作时间，或在一定时间内生产的合格产品数量。在各种定额中，人工消耗定额都是很重要的组成部分。人工消耗的含义是指活劳动的消耗，而不是指活化劳动和物化劳动的全部消耗。

（二）劳动定额的表现形式

劳动定额的基本表现形式分为时间定额和产量定额两种。

1. 时间定额

时间定额是指在正常生产技术组织条件和合理的劳动组织条件下，某工种、某种技术等级的工人小组或个人，完成单位合格产品所必须消耗的工作时间。

时间定额以"工日"为计量单位，每个工日工作时间按现行制度规定为8h。如工日/m^3、工日/m^2、工日/m、工日/t、工日/座等，其计算公式如下：

$$单位产品的时间定额（工日）= \frac{1}{每工的产量}$$

如果以小组为计算单位，则计算公式为：

$$单位产品的时间定额（工日）= \frac{小组成员工日数总和}{小组的班产量}$$

2. 产量定额

产量定额是指在正常的生产技术组织条件和合理的劳动组织条件下，某工种、某技术等级的工人小组或个人，在单位时间内（工日）所应完成合格产品的数量。

产量定额以"产品的单位"为计量单位，如 m^3/工日、m^2/工日、m/工日、t/工日、块（件）/工日等，其计算公式如下：

$$每工日的产量定额 = \frac{1}{单位产品的时间定额（工日）}$$

如果以小组为计算单位，则计算公式为：

$$每工日的产量定额 = \frac{小组成员工日数总和}{单位产品的时间定额（工日）}$$

3. 时间定额与产量定额的关系

时间定额和产量定额之间的关系是互为倒数，即：

$$时间定额 = \frac{1}{产量定额}$$

或
$$时间定额 \times 产量定额 = 1$$

从上述两式可知：当时间定额减少时，产量定额相应地增加，反之也成立。但它们增减的百分比并不相同。例如，当时间定额减少5%时，产量定额则增加5.26%。其计算如下：

设原来的产量定额为 P_1，时间定额为 T_1，则：

$$P_1 = \frac{1}{T_1}$$

当时间定额减少5%，相应的产量定额 P_2 为：

$$P_2 = \frac{1}{(1-0.05)T_1}$$

产量定额的增值为：

$$P_2 - P_1 = \left[\frac{1}{(1-0.05)T_1} - \frac{1}{T_1}\right]$$

$$= \frac{0.05}{1-0.05} \times \frac{1}{T_1} \times 100\%$$

$$= 5.26\% P_1$$

由上可以得出：时间定额与产量定额增减百分率的计算公式如下：

（1）当时间定额减少时：

$$产量定额增加百分率 = \frac{时间定额减少百分率}{1 - 时间定额减少百分率}$$

(2) 当时间定额增加时：

$$产量定额减少百分率 = \frac{时间定额增加百分率}{1 + 时间定额增加百分率}$$

(3) 当产量定额减少时：

$$时间定额增加百分率 = \frac{产量定额减少百分率}{1 - 产量定额减少百分率}$$

(4) 当产量定额增加时：

$$时间定额减少百分率 = \frac{产量定额增加百分率}{1 + 产量定额增加百分率}$$

时间定额和产量定额，虽然以不同的形式表示同一劳动定额，但都有不同的用途。时间定额是以工日为计算单位，便于计算某工序（或工种）所需总工日数，也易于核算工资和编制施工作业计划。产量定额是以产品数量为计算单位，便于施工队向工人分配任务，考核工人劳动生产率。

二、人工消耗定额的编制依据

劳动定额既是技术定额，又是重要的经济法规。因此，劳动定额的制定必须以国家的有关技术、经济政策和可靠的科学技术资料为依据。

1. 国家的经济政策和劳动制度

主要有《建筑安装工人技术等级标准》、工资标准、工资奖励制度、劳动保护制度、人工工作制度等。

2. 技术资料

技术资料可分为有关技术规范和统计资料两部分。

（1）技术规范。主要包括《建筑安装工程施工验收规范》、《建筑安装工程操作规范》、《建筑工程质量检验评定标准》、《建筑安装工人安全技术操作规程》、《国家建筑材料标准》等。

（2）统计资料。主要包括现场技术测定数据和工时消耗的单项或综合统计资料。

三、人工消耗定额的编制方法

（一）技术测定法

技术测定法是指应用测时法、写实记录法、工作日写实法等几种计时观察法获得的工作时间的消耗数据，进而制定人工消耗定额。劳动定额的表现形式有时间定额和产量定额两种，它们之间互为倒数关系，拟定出时间定额，即可以计算出产量定额。

时间定额是在拟定基本工作时间、辅助工作时间、不可避免的中断时间、准备与结束的工作时间及休息时间的基础上制定的。

1. 拟定基本工作时间

基本工作时间必须消耗的工作时间是所占的比重最大、最重要的时间。基本工作时间消耗根据计时观察法来确定。其做法为：首先确定工作过程每一组成部分的工时消耗，然后综合出工作过程的工时消耗。

2. 拟定辅助工作时间和准备与结束工作时间

辅助工作时间和准备与结束工作时间的确定方法与基本工作时间相同，如果这两项工作时间在整个工作班工作时间消耗中所占比重不超过 5%～6%，则可归纳为一项来确定。如果在计时观察时不能取得足够的资料，来确定辅助工作和准备与结束工作的时间，也可采用经验数据来确定。

3. 拟定不可避免的中断时间

不可避免的中断时间一般根据测时资料，通过整理分析获得。在实际测定时由于不容易获得足够的相关资料，一般可根据经验数据，以占基本工作时间的一定百分比确定此项工作时间。

在确定这项时间时，必须分析不同工作中断情况，分别加以对待。一种情况是由于工艺特点所引起的不可避免中断，此项工作时间消耗，可以列入工作过程的时间定额。另一种是由于工人任务不均、组织不善而引起的中断，这种工作中断就不应列入工作过程的时间定额，而要通过改善劳动组织、合理安排劳力分配来克服。

4. 拟定休息时间

休息时间是工人生理需要和恢复体力所必需的时间，应列入工作过程的时间定额。休息时间应根据工作作息制度、经验资料、计时观察资料以及对工作的疲劳程度作全面分析来确定，同时应考虑尽可能利用不可避免中断时间作为休息时间。

从事不同工程、不同工作的工人，疲劳程度有很大差别。在实际应用中往往根据工作轻重和工作条件的好坏，将各种工作划分为不同的等级。例如，某规范按工作疲劳程度分为轻度、较轻、中等、较重、沉重、最沉重六个等级，它们的休息时间占工作的比重分别为 4.16%、6.25%、8.37%、11.45%、16.7%、22.9%。

5. 拟定时间定额

确定了基本工作时间、辅助工作时间、准备与结束工作时间、不可避免中断时间和休息时间后，即可以计算劳动定额的时间定额。计算公式如下：

定额工作延续时间 = 基本工作时间 + 其他工作时间

式中　　其他工作时间 = 辅助工作时间 + 准备与结束工作时间
　　　　　　　　　　　+ 不可避免中断时间 + 休息时间

在实际应用中，其中的工作时间一般有两种表达方式：

第一种方法：其他工作时间以占工作延续时间的比例表达，计算公式为：

$$定额工作延续时间 = \frac{基本工作时间}{1 - 其他各项时间所占百分比}$$

第二种方法：其他工作时间以占基本工作时间的比例表达，则计算公式为：

定额工作延续时间 = 基本工作时间（1 + 其他各项时间所占百分比）

例 2-3　某型钢支架工作，测时资料表明，焊接每吨（t）型钢支架需基本工作时间为 50h，辅助工作时间、准备与结束工作时间、不可避免中断时间、休息时间分别占工作延续时间的 3%、2%、2%、16%。试确定该支架的人工时间定额和产量定额。

解　（1）工作延续时间 $= \dfrac{50}{1-(3\%+2\%+2\%+16\%)} = 64.94\text{h}$

(2) 时间定额 $= \dfrac{64.94}{8} = 8.12$ 工日/t

(3) 产量定额 $= \dfrac{1}{时间定额} = \dfrac{1}{8.12} = 0.12$ t/工日

例 2-4 人工挖土方，按土壤分类属于二类土（普通土），测时资料表明，挖 $1m^3$ 土需消耗基本工作时间 55min，辅助工作时间占基本工作时间的 2.5%，准备与结束时间占基本工作时间的 3%，不可避免中断时间占基本工作时间的 1.5%，休息时间占工作延续时间的 15%，试确定人工挖土方的时间定额和产量定额。

解 (1) 计算工作延续时间

由公式

$$工作延续时间(t) = 基本工作时间 + 辅助时间 + 准备与结束时间 \\ + 不可避免中断时间 + 休息时间$$

$$t = 55 \times (1 + 2.5\% + 3\% + 1.5\%) + t \times 15\%$$

$$t = \dfrac{55 \times (1 + 7\%)}{1 - 15\%} = 69.24 \text{min}$$

(2) 计算时间定额

$$时间定额 = 69.24 \div 60 \div 8 = 0.144 \text{ 工日}/m^3$$

(3) 计算产量定额

$$产量定额 = \dfrac{1}{时间定额} = \dfrac{1}{0.144} = 6.94 m^3/工日$$

（二）比较类推法

比较类推法，也称典型定额法。是以某一同类工序、同类型产品定额典型项目的水平或实际消耗的工时定额为标准，经过分析对比，类推出另一种工序或产品定额的水平或时间定额的方法。比较类推法的计算方法方式为：

$$t = p \times t_0$$

式中 t——比较类推同类相邻定额相同的时间定额；

p——各同类相邻项目耗用时间的比例；

t_0——典型项目的时间定额。

这种方法简便，工作量小，只要典型定额选择恰当，切合实际，具有代表性，类推出的定额水平一般比较合理。这种方法适用于同类型产品规格多、批量小的施工（生产）过程。

采用这种方法，要特别注意掌握工序、产品的施工（生产）工艺和劳动组织"类似"或"近似"的特征，细致地分析施工（生产）过程的各种影响因素，防止将因素变化很大的项目作为同类型产品项目比较类推。对典型定额的选择必须恰当，通常采用主要项目的常用项目作为典型定额比较类推，这样，就能够提高定额水平的精确度，否则，就会降低定额水平的精确度。

如现行《全国统一建筑安装工程劳动定额》，挖地槽、地沟、柱基、地坑土方定额表（表 2-8）就是利用这种方法编制的。

挖地槽、地沟、柱基、地坑时间定额表（工日/m³）　　表2-8

项目	挖地槽、地沟 上口宽在（m以内）			挖柱基、地坑 上口面积在（m²以内）				序号
	0.8	1.5	3	2.25	6.25	12	30	
一类土	0.197	0.170	0.157	0.218	0.198	0.194	0.189	一
二类土	0.281	0.242	0.227	0.312	0.283	0.277	0.266	二
三类土	0.492	0.421	0.399	0.546	0.495	0.485	0.470	三
四类土	0.742	0.635	0.590	0.824	0.740	0.725	0.703	四
编号	3	4	5	6	7	8	9	

表中挖一类土与二、三、四类土的比例关系分别为1.426、2.497、3.766，根据挖一类土时间定额及比例关系，可推算出挖二、三、四类土各项目的时间定额。例：挖每1m³的三类柱基土方，上口面积在12m²以内，时间定额为0.194×2.497＝0.485工日。

（三）统计分析法

这种方法是把过去施工中同类工程或生产同类建筑产品的工时消耗加以科学地分析、统计，并结合当前生产技术组织条件的变化因素，进行分析研究、整理和修正。

由于统计分析资料反映的是工人已完成工作时达到的相应水平。在实际统计时没有剔除施工中不利的因素，因而这个水平偏于保守。为了克服统计分析资料这个缺陷，使确定出来的定额水平保持平均先进的性质，可利用"二次平均法"计算平均先进值作为确定定额水平的依据。其计算步骤如下：

（1）剔除统计资料中特别偏高、偏低的明显不合理的数据。

（2）计算平均数

$$\bar{t} = \frac{t_1 + t_2 + t_3 + \cdots + t_n}{n} = \frac{\sum_1^n t_i}{n}$$

（3）计算平均先进值

平均值与数列中小于平均值的各时间定额数值平均相加，再求其平均数，亦即第二平均，即所求的平均先进值。

$$\bar{t}_0 = \frac{\bar{t}_n + \bar{t}}{2}$$

$\bar{t}_0$——二次平均的平均先进值；

$\bar{t}$——全数值平均值；

$\bar{t}_n$——小于全数平均值的各数值的平均值。

例2-5 已知由统计得来的工时消耗数值资料统计数组：

5、25、30、40、50、60、40、35、50、60、55、90。试求平均先进值。

解 （1）剔除统计资料中特别偏高、偏低的明显不合格数据5、90。

（2）求第一次平均值

$$\bar{t}_n = \frac{1}{10}(25+30+40+50+60+40+35+50+60+55) = 44.5$$

(3) 求平均先进值, 小于平均值 44.5 的数有 25、30、40、40、35。

$$\bar{t} = \frac{25+30+40+40+35}{5} = 34$$

$$\bar{t}_0 = \frac{44.5+34}{2} = 39.25$$

（四）经验估计法

经验估计法是由定额测定员、工程技术员和工人，根据个人或集体实践经验，经过图纸分析、现场观察、分解施工工艺、分析施工的生产技术组织条件和操作方法等情况，进行座谈讨论，从而制定定额的方法。

运用经验估计法制定定额，是以工序为对象，先根据经验分别估计算出工序组织部分操作、动作的基本时间、辅助工作时间、准备与结束时间和休息时间，经过综合整理并优化，即得出该工序的时间定额或产量定额。

这种方法的优点是方法简单及速度快、工作量小。其缺点是定额水平由于无科学的技术测定定额，精确度差，并易受制定人员的主观因素和个人水平的影响，使定额出现偏高或偏低的现象，定额水平不易掌握。因此，经验估计是适用于企业内部，作为某些项目的补充定额。为了提高经验估算的精确度，使取定的定额水平适当，可用概率论的方法来估算定额，这种方法基本步骤为：

(1) 请有经验的人员，分别对某一单位产品和施工过程进行估算，从而得出三个工时消耗数值：先进的（乐观估计）为 a，一般的（最大可能）为 m，保守的（悲观估计）为 b。

(2) 求出它们的平均值

$$\bar{t} = \frac{a+4m+b}{6}$$

(3) 求出均方差

$$\sigma = \left|\frac{a-b}{6}\right|$$

(4) 根据正态分布的公式，求出调整后的工时定额

$$t = \bar{t} + \lambda\sigma$$

式中的 λ 为 σ 的系数。从正态分布表 2-9 中可以查到对应值的概率 $P(\lambda)$。

正态分布表　　表 2-9

λ	$P(\lambda)$	λ	$P(\lambda)$	λ	$P(\lambda)$
-0.5	0.31	0.5	0.69	1.5	0.93
-0.4	0.34	0.6	0.73	1.6	0.95
-0.3	0.38	0.7	0.76	1.7	0.96
-0.2	0.42	0.8	0.79	1.8	0.96

续表

λ	P(λ)	λ	P(λ)	λ	P(λ)
-0.1	0.46	0.9	0.82	1.9	0.97
0.0	0.50	1.0	0.84	2.0	0.98
0.1	0.54	1.1	0.86	2.1	0.98
0.2	0.58	1.2	0.88	2.2	0.98
0.3	0.62	1.3	0.90	2.3	0.99
0.4	0.66	1.4	0.92	2.4	0.99

例 2-6 已知完成某项任务的先进工时消耗为 8h，保守的工时消耗为 14h，一般的工时消耗为 10h。试问：(1) 如果要求在 11.5h 内完成，其完成任务的可能性有多少？(2) 要使完成任务的可能性为 92%，则下达的工时定额应是多少？

解 (1) $a=8h$　$b=14h$　$m=10h$

$$\bar{t} = \frac{8+10\times4+14}{6} = 10.3h$$

$$\sigma = \left|\frac{8-14}{6}\right| = 1h$$

$$\lambda = \frac{t-\bar{t}}{\sigma} = \frac{11.5-10.3}{1} = 1.2$$

从表 2-9 中查得对应的 $P(\lambda)=0.88$，即在给定工时消耗为 11.5h 时，完成任务的可能性有 88%。

(2) 由 $P(\lambda)=92\%=0.92$，由表 2-9 中查得相应的 $\lambda=1.4$

$$t = 10.3 + 1.4 \times 1 = 11.7h$$

即当要求完成任务的可能性 $P(\lambda)=92\%$ 时，下达的工时定额应为 11.7h。

四、劳动定额示例

建设部和劳动部 1994 年颁发，于 1995 年 1 月 1 日起执行的中华人民共和国劳动和劳动安全行业标准《建筑安装工程劳动定额》、《建筑装饰工程劳动定额》，它们是在 1985 年《全国统一劳动定额》的基础上制定的。它们作为推荐性行业标准，共 14 项。其中《建筑安装工程劳动定额》系列标准本次制定由 10 个标准组成，其名称和代号为：

(1)《建筑安装工程劳动定额　材料运输及材料加工》（LD/T 72.1—94）

(2)《建筑安装工程劳动定额　人力土方工程》（LD/T 72.2—94）

(3)《建筑安装工程劳动定额　架子工程》（LD/T 72.3—94）

(4)《建筑安装工程劳动定额　砌体工程》（LD/T 72.4—94）

(5)《建筑安装工程劳动定额　木作工程》（LD/T 72.5—94）

(6)《建筑安装工程劳动定额　模板工程》（LD/T 72.6—94）

(7)《建筑安装工程劳动定额　钢筋工程》（LD/T 72.7—94）

(8)《建筑安装工程劳动定额　混凝土工程》（LD/T 72.8—94）

(9)《建筑安装工程劳动定额 防水工程》(LD/T 72.9—94)

(10)《建筑安装工程劳动定额 金属制品制作及安装》(LD/T 72.10—94)

《建筑装饰工程劳动定额》系列标准由4个标准组成,其名称和代号分别为:

(11)《建筑装饰工程劳动定额 抹灰工程》(LD/T 73.1—94)

(12)《建筑装饰工程劳动定额 木装饰工程》(LD/T 73.2—94)

(13)《建筑装饰工程劳动定额 油漆工程》(LD/T 73.3—94)

(14)《建筑装饰工程劳动定额 玻璃工程》(LD/T 73.4—94)

现行《建筑安装工程劳动定额》与《建筑装饰工程劳动定额》适用于一般工业与民用建筑的新建、扩建、改建和建筑装饰工程。

在定额表的表现形式上,改变了传统的复式表定额表现形式,全部劳动消耗量都用时间定额的单式表。定额时间构成包括:

准备与结束时间、作业时间(基本时间+辅助时间)、作业宽放时间(技术性宽放时间+组织性宽放时间)、个人生理需要与休息宽放时间,即:

$$T = T_{zj} + T_z + T_{zk} + T_{jxk}$$

式中 T——定额时间;

T_{zj}——准备与结束时间;

T_z——作业时间;

T_{zk}——作业宽放时间;

T_{jxk}——个人生理需要与休息宽放时间。

表2-10~表2-12为劳动定额的钢混凝土捣制柱模板工程、钢筋工程、捣制混凝土工程的时间定额表。

捣制柱模板工程劳动定额表(工日/m²)　　　　表2-10

工作内容:熟悉施工图纸,布置操作地点,领退料具,队组自检互检,排除一般故障安装、钢损耗安装、拆除,保养机具,操作完毕后的场地情况。

项	目		综合	安装	拆除	编号
矩形柱	周长在(m)	1.2以内	2.99	2.09	0.900	18
		1.8以内	2.50	1.57	0.752	19
		1.8以外	2.27	1.59	0.680	20
墙心柱、抗震柱			3.32	2.32	1.00	21
多角形柱			4.56	3.19	1.37	22
序 号			一	二	三	

注:1. 柱如带牛腿、方角者,每10个,安装(包括部分木模制作)增加3工日,拆除增加0.6工日,工程量与柱合并计算。

2. 墙心柱不分几面支模,均按时间额执行。

捣制柱钢筋工程劳动定额表（工日/t）　　　　　　　　表 2-11

工作内容：熟悉图纸，布置操作地点，领退料具，队组自检互检，机械加油加水，排除一般故障，钢筋制作、绑扎，保养机具，操作完毕后的场地情况。

项目			综合		制作		手工绑扎	编号
			机制手绑	部分机制手绑	机械	部分机械		
矩形、墙心（抗震）柱	主筋规格在（mm）	12 以内	7.22	8.17	2.87	3.82	4.35	40
		16 以内	5.77	6.58	2.44	3.25	3.33	41
		20 以内	4.82	5.47	1.96	2.61	2.86	42
		25 以内	4.20	4.76	1.70	2.26	2.50	43
		25 以上	3.48	3.94	1.40	1.86	2.08	44
圆形、多角形柱		12 以内	9.04	9.99	3.16	4.11	5.88	45
		16 以内	7.03	7.83	2.68	3.48	4.35	46
		20 以内	6.01	6.66	2.16	2.81	3.85	47
		20 以上	5.19	5.71	1.74	2.26	3.45	48
序号			一	二	三	四	五	

注：1. 柱绑扎如带牛腿、方角、柱帽、柱墩者，每 10 个增加 1 个工日，其钢筋重量与柱合并计算，制作不另加工。
　　2. 柱不论竖筋根数多少或单、双箍，均按时间额执行。

捣制柱混凝土工程劳动定额表（工日/m³）　　　　　　　表 2-12

工作内容：熟悉图纸，布置操作地点，领退料具，队组自检互检，机械加油加水，排除一般故障，混凝土搅拌，捣固，保养机具，操作完毕后的场地情况。

项目		矩形柱				序号
		周长在（m 以内）				
		1	1.600	3.200	4	
机拌机捣	单、双轮车	1.79	1.64	1.44	1.30	一
	双轮、小翻斗混合	1.61	1.46	1.29	1.17	二
	塔吊直接入模	1.34	1.22	1.08	0.970	三
机械捣固		1.38	1.22	1.05	0.960	四
编号		44	45	46	47	

项目		圆形、多角形柱			墙心柱、叠合柱	序号
		直径在（m 以内）				
		0.3	0.5	1		
机拌机捣	单、双轮车	1.82	1.64	1.49	1.93	一
	双轮、小翻斗混合	1.66	1.49	1.33	1.78	二
	塔吊直接入模	1.39	1.24	1.11	1.48	三
机械捣固		1.40	1.24	1.09	1.54	四
编号		48	49	50	51	

表中数字均为时间定额（工日）。例如，钢筋混凝土构造柱模板安装每 $1m^2$ 需 2.32 工日，拆除需 1.00 工日，综合 3.32 工日。每一工日安拆构造柱模板数量（即产量定额）为：

$$\frac{1}{3.32} = 0.301 m^2$$

要正确使用1994年《建筑安装工程劳动定额》、《建筑装饰工程劳动定额》，必须详细阅读总说明、各项标准的适用范围、引用标准、有关规定，熟悉施工方法及规定，掌握时间定额表的具体内容。

例 2-7 某工程一楼层有现捣矩形柱，设计断面为 500mm×500mm，柱混凝土体积为 $130m^3$，施工采用机拌、机捣，塔吊直接入模。每天有 25 名专业工人投入混凝土浇捣。试计算完成该工程柱浇捣所需的定额施工天数。

解 查表 2-12 得，完成该项目时间定额为 1.08 工日$/m^3$
    完成柱浇捣需要的总工日数 = 1.08 × 130 = 140.40 工日
所需要的施工天数为：140.40 ÷ 25 = 5.62 ≈ 6d
即，完成该工程柱浇捣所需施工天数为 6d。

例 2-8 某工程采用现捣钢筋混凝土柱（带一牛腿），已计算每个柱钢筋用量：$\phi 25$ 1.011t，$\phi 20$ 0.652t，$\phi 12$ 0.212t，$\phi 8$ 0.153t。采用机制手绑，共有同类型柱 20 根。试计算完成这批柱钢筋制作绑扎所需的总工日数。

解 （1）计算柱钢筋工程量
查表 2-11 可知，柱带牛腿，其钢筋重量与柱合并计算，并根据主筋规格不同分别计算工程量。
$\phi 12$ 以内钢筋：(0.212 + 0.153) × 20 = 7.30t
$\phi 20$ 以内钢筋：0.652 × 20 = 13.04t
$\phi 25$ 以内钢筋：1.011 × 20 = 20.22t
（2）计算柱钢筋制作绑扎工日数
查表 2-11 可知，$\phi 12$ 以内、$\phi 20$ 以内、$\phi 25$ 以内机制手绑时间定额分别为 7.22 工日/t、4.82 工日/t、4.20 工日/t。
    工日数 = 7.30 × 7.22 + 13.04 × 4.82 + 20.22 × 4.20 = 200.48 工日
（3）计算柱牛腿钢筋增加工日数
根据定额表（表 2-11）附注说明，柱钢筋绑扎带牛腿者，每 10 个增加 1 个工日。
    增加工日数 = 1 × 20 ÷ 10 = 2 工日
（4）完成这批柱钢筋制作绑扎所需总工日数
    200.48 + 2 = 202.48 工日

第四节　材料消耗定额的确定

一、材料消耗定额的概念

材料消耗定额是指在合理和节约使用材料的前提下，生产单位合格产品所必须消耗的建筑材料（半成品、配件、燃料、水、电）的数量标准。

建筑材料是消耗于建筑产品中的物化劳动，建筑材料的品种繁多，耗用量大，在一般的工业和民用建筑中，材料消耗占工程成本的60%~70%。材料消耗量多少，消耗是否合理，直接关系到资源的有效利用，对建筑工程的造价确定和成本控制有决定性影响。

材料消耗定额的任务，就在于利用定额这一杠杆，对材料消耗进行有效调控。材料消耗定额是控制材料需用量计划、运输计划、供应计划、计算材料仓库面积大小的依据，也是企业对工人签发限额材料单和材料核算的依据。制定合理的材料消耗定额，是组织材料的正常供应、保证生产顺利进行、资源合理利用的必要前提，也是反映建筑安装生产技术管理水平的重要依据。

二、材料消耗定额的组成

施工中材料的消耗，可分为必须的材料消耗和损失的材料消耗两类。

必须消耗的材料，是指在合理使用材料的条件下，生产单位合格产品所需消耗的材料数量。它包括直接用于建筑和工程的材料、不可避免的施工废料和不可避免的材料损耗。其中，直接构成建筑安装工程实体的材料用量称为材料净用量；不可避免的施工废料和材料损耗数量，称为材料损耗量。

材料的消耗量由材料净用量和材料损耗量组成。其公式如下：

材料消耗量 = 材料净用量 + 材料损耗量

材料损耗量用材料损耗率（%）来表示，即材料的损耗量与材料净用量的比值。可用下式表示：

材料损耗率 =（材料损耗量/材料净用量）×100%

材料损耗率确定后，材料消耗定额亦可用下式表示：

材料消耗量 = 材料净用量 ×（1 + 材料损耗率）

部分原材料、半成品、成品损耗率（%）详见表2-13。

部分原材料、半成品、成品损耗率　　　　表2-13

材料名称	工程项目	损耗率（%）	材料名称	工程项目	损耗率（%）
普通黏土砖	地面、屋面、空花（斗）墙	1.5	水泥砂浆	抹灰及墙裙	2
普通黏土砖	基础	0.5	水泥砂浆	地面、屋面、构筑物	1
普通黏土砖	实砌砖墙	1	混凝土（现浇）	二次灌浆	3
白瓷砖		3.5	混凝土（现浇）	地面	1
陶瓷锦砖（马赛克）		1.5	混凝土（现浇）	其余部分	1.5
面砖、缸砖		2.5	细石混凝土		1
水磨石板		1.5	钢筋（预应力）	后张吊车梁	13
大理石板		1.5	钢筋（预应力）	先张高强钢丝	9
水泥瓦、黏土瓦	（括脊瓦）	3.5	钢材	其他部分	6
石棉波形瓦（板瓦）		4	铁件	成品	1

续表

材料名称	工程项目	损耗率(%)	材料名称	工程项目	损耗率(%)
砂	混凝土、砂浆	3	小五金	成品	1
白石子		4	木材	窗扇、框（包括配料）	6
砾（碎）石		3	木材	屋面板平口制作	4.4
乱毛石	砌墙	2	木材	屋面板平口安装	3.3
方整石	砌体	3.5	木材	木栏杆及扶手	4.7
碎砖、炉（矿）渣		1.5	木材	封檐板	2.5
珍珠岩粉		4	模板制作	各种混凝土	5
生石膏		2	模板安装	工具式钢模式板	1
水泥		2	模板安装	支撑系统	1
砌筑砂浆	砖、毛方石砌体	1	胶合板、纤维板、吸声板	顶棚、间壁	5
砌筑砂浆	空斗墙	5	石油沥青		1
砌筑砂浆	多孔砖墙	10	玻璃	配制	15
砌筑砂浆	加气混凝土块	2	石灰砂浆	抹顶棚	1.5
混合砂浆	抹顶棚	3	石灰砂浆	抹墙及墙裙	1
混合砂浆	抹灰及墙裙	2	水泥砂浆	抹顶棚、梁、柱腰线、挑檐	2.5

三、材料消耗定额的编制

根据施工生产材料消耗工艺要求，建筑安装材料分为非周转材料和周转材料两大类。

（一）非周转材料消耗定额的编制

非周转材料也称为直接性消耗材料，它是指在建筑工程施工中，一次性消耗并直接用于工程实体的材料。如砖、砂、石、钢筋、水泥、砂浆等。

非周转材料通常用现场观察法、试验室试验法、统计分析法和理论计算法等方法来确定建筑材料的净用量、损耗量。

1. 现场观察法

现场观察法是指在合理使用材料的条件下，对施工中实际完成的建筑产品数量和所消耗的各种材料数量，进行现场观察测定的方法。故亦称施工试验法。

此法通常用于制定材料的损耗量。通过现场的观察，获得必要的现场资料，才能测定出哪些材料是施工过程中不可避免的损耗，应该计入定额内，哪些材料是施工过程中可以避免的损耗，不应计入定额内。在现场观测中，同时测出合理的材料损耗量，即可据此制定出相应的材料消耗定额。

利用现场观察法的首要任务是选择典型的工程项目，其施工技术、组织及产品质量均要符合技术规范的要求；材料的品种、型号、质量也应符合设计要求。同时，在观察前要充分做好准备工作，如选用标准的运输工具和计量工具、减少材料的损耗、挑选合格的生产工人等。

这种方法的优点是能通过现场观察、测定，得到产品产量和材料消耗情况，直观、操作简单，能为编制材料定额提供技术依据。

2. 试验室试验法

试验室试验法是指专业材料试验人员，通过试验仪器设备进行试验和测定数据，来确定材料消耗定额的一定方法。

这种方法只适用于在试验室条件下测定混凝土、沥青、砂浆、油漆涂料的消耗定额。由于试验室工作条件与现场施工条件存在一定的差别，施工中的许多客观因素对材料消耗用量的影响，不能得到充分考虑，这是该法的不足之处。在用于施工生产时，应加以必要调整方可作为定额数据。

3. 统计分析法

统计分析法是指在现场施工中，对分部分项工程耗用的材料数量、完成的建筑产品的数量、施工后剩余的材料数量等大量的统计资料，进行统计、整项和分析而编制材料消耗定额的方法。

这种方法主要是通过工地的施工任务单、限额领料单等有关记录取得所需要的资料，因为不能将施工过程中材料的合理消耗和不合理消耗区别开来，因而不能作为确定材料净用量定额和材料损耗量定额的依据。

4. 理论计算法

理论计算法是指根据设计图纸、施工规范及材料规格，运用一定的理论计算式，制定材料消耗定额的方法。

这种方法主要适用于计算按件论块的现成制品材料和砂浆混凝土等半成品。例如，砌砖工程中的砖、块料镶贴中的块料，如瓷砖、面砖、大理石、花岗石等。这种方法比较简单，先按一定公式计算出材料净用量，再根据损耗率计算出损耗量，然后将两者相加即为材料消耗定额。例如：

（1）砖石工程中砖和砂浆净用量一般采用以下计算公式计算：

计算每 $1m^3$ 一砖墙砖的净用量：

$$砖数 = \frac{1}{(砖宽+灰缝)\times(砖厚+灰缝)} \times \frac{1}{砖长}$$

计算每 $1m^3$ 一砖半墙砖的净用量：

$$砖数 = \left[\frac{1}{(砖宽+灰缝)\times(砖厚+灰缝)} \times \frac{1}{(砖长+灰缝)\times(砖厚+灰缝)}\right]$$
$$\times \frac{1}{(砖长+砖宽+灰缝)}$$

计算砂浆用量：

$$砂浆(m^3) = (1m^3 砌体 - 砖数 \times 每块砖体积) \times 1.07$$

式中 1.07 是砂浆体积折合为虚体积的系数。

例 2-9 计算一砖半标准砖（240mm×115mm×53mm）外墙每 $1m^3$ 砌体砖和砂浆消耗量。已知砖损耗率为1%，砂浆损耗率为1%。

解 砖净用量 = $\left[\frac{1}{(0.24+0.01)\times(0.053+0.01)} + \frac{1}{(0.115+0.01)\times(0.053+0.01)}\right]$

$$\times \frac{1}{(0.24+0.115+0.01)} = 522 \text{ 块}$$

砖消耗量 $= 522 \times (1+1\%) = 527$ 块

砂浆净用量 $= (1 - 0.24 \times 0.115 \times 0.053 \times 522) \times 1.07 = 0.253 \text{m}^3$

砂浆消耗量 $= 0.253 \times (1+1\%) = 0.256 \text{m}^3$

（2）块料镶贴中材料面层材料消耗量计算，一般以 100m^2 采用以下公式计算：

$$\text{块料消耗量} = \frac{100}{(\text{块料长}+\text{灰缝}) \times (\text{块料宽}+\text{灰缝})} \times (1+\text{损耗率})$$

例 2-10 墙面砖规格为 $240\text{mm} \times 60\text{mm}$，灰缝为 10mm，其损耗率为 1.5%。试计算 100m^2 墙面砖消耗量。

解 墙面砖消耗量 $= \dfrac{100}{(0.24+0.01) \times (0.06+0.01)} \times (1+1.5\%) = 5800$ 块

（3）普通抹灰砂浆配合比用料量的计算。抹灰砂浆的配合比通常是按砂浆的体积比计算的，每 1m^3 砂浆的各种材料消耗的计算公式如下：

$$\text{砂消耗量}(\text{m}^3) = \frac{\text{砂比例数}}{(\text{配合比总比例数}-\text{砂比例数} \times \text{砂空隙率})} \times (1+\text{损耗率})$$

$$\text{水泥消耗量}(\text{kg}) = \frac{\text{水泥比例数} \times \text{水泥密度}}{\text{砂比例数}} \times \text{砂用量} \times (1+\text{损耗率})$$

$$\text{石灰膏消耗量}(\text{m}^3) = \frac{\text{石灰膏比例数}}{\text{砂比例数}} \times \text{砂用量} \times (1+\text{损耗率})$$

例 2-11 试计算 $1:1:6$ 水泥石灰混合砂浆每 1m^3 材料消耗。已知砂空隙率为 40%，水泥密度为 1200kg/m^3，损耗率为 2%，水泥、石灰膏损耗率各为 1%。

解
$$\text{砂消耗量} = \frac{6}{(1+1+6)-6 \times 40\%} \times (1+2\%) = 1.09 \text{m}^3$$

$$\text{水泥消耗量} = \frac{1 \times 1200}{6} \times 1.09 \times (1+1\%) = 220 \text{kg}$$

$$\text{石灰膏消耗量} = \frac{1}{6} \times 1.09 \times (1+1\%) = 0.18 \text{m}^3$$

（二）周转材料消耗定额的制定方法

周转材料消耗是指在施工中不是一次性消耗的材料，它是随着多次使用而逐渐消耗的材料，并在使用过程中不断补充，多次重复使用。例如，各种模板、脚手架、支撑、活动支架、跳板等。

周转材料消耗定额，应当按照多次使用、分期摊销的方式进行计算。

现以钢筋混凝土模板为例，介绍周转材料摊销量计算。

1. 现浇钢筋混凝土构件周转材料（木模板）摊销量计算

（1）材料一次使用量。材料一次使用量指周转材料在不重复使用条件下的一次性用量，通常根据选定的结构设计图纸进行计算。

一次使用量 = 混凝土构件模板接触面积 × 每 1m^2 接触面积模板用量 × (1+损耗率)

（2）材料周转次数。材料周转次数是指周转材料从第一次开始使用起到报废为止，可以重复使用的次数。其数值一般采用现场观察法或统计分析法来测定。

（3）材料补损量。材料补损量指周转材料每周转使用一次的材料损耗，也就是在第二次和以后各次周转中为了修补难于避免的损耗所需要的材料消耗,通常用补损率(%)来表示。

补损率的大小主要取决于材料的拆除、运输和堆放的方法,以及施工现场的条件。在一般情况下,补损率要随着周转次数增多而增大,所以一般采取平均补损率来计算。计算公式如下:

$$\text{补损率}(\%) = \frac{\text{平均每次损耗量}}{\text{一次使用量}} \times 100\%$$

现行 1995 年《全国统一建筑工程基础定额》中有关木模板周转次数、补损率及施工损耗详见表 2-14。

木模板周转次数、补损率及施工损耗表　　　　　表 2-14

序号	名　　称	周转次数(次)	补损率(%)	施工损耗(%)
1	圆柱	3	15	5
2	异形梁	5	15	5
3	整体楼梯、阳台、栏杆	4	15	5
4	小型构件	3	15	5
5	支撑、垫板、拉板	15	10	5
6	木楔	2	—	5

(4) 材料周转使用量。材料周转使用量是指周转材料周转使用和补损条件下,每周转使用一次平均需要的材料数量。

$$\text{周转使用量} = \frac{\text{一次使用量} + [\text{一次使用量} \times (\text{周转次数} - 1) \times \text{补损率}]}{\text{周转次数}}$$

$$= \left[\frac{1 + (\text{周转次数} - 1) \times \text{补损率}}{\text{周转次数}}\right] \times \text{一次使用量}$$

(5) 材料回收量。材料回收量是指周转材料每周转使用一次平均可以回收材料的数量。这部分材料回收量应从摊销量中扣除,通常可规定一个合理的报价率进行折算。计算公式如下:

$$\text{材料回收量} = \frac{\text{一次使用量} - (\text{一次使用量} \times \text{补损率})}{\text{周转次数}}$$

$$= \text{一次使用量} \times \left(\frac{1 - \text{补损率}}{\text{周转次数}}\right)$$

(6) 材料摊销量。材料摊销量是指周转材料在重复使用的条件下,分摊到每一计量单位结构构件的材料消耗量。这是应纳入定额的实际周转材料消耗的数量。计算公式如下:

$$\text{材料摊销量} = \text{周转使用量} - \text{周转回收量}$$

例 2-12　根据选定的现浇钢混凝土设计图纸计算,每 100m² 混凝土异型梁木模板接触面积需要模板木材 3.689m³,木支撑系统 7.603m³。试计算模板摊销量。

解　(1) 每 100m² 模板一次使用量计算

$$一次使用量 = 1m^2 模板接触面积木板净用量 \times (1 + 损耗率)$$

从表 2-14 知，施工损耗率为 5%。

$$木模一次使用量 = 3.689 \times (1 + 5\%) = 3.873 m^3$$
$$支撑一次使用量 = 7.603 \times (1 + 5\%) = 7.983 m^3$$

（2）每 $100m^2$ 构件模板周转使用量

$$周转使用量 = 一次使用量 \times \left[\frac{1 + (周转次数 - 1) \times 补损率}{周转次数} \right]$$

从表 2-14 知，木模板周转次数为 5 次，补损率为 15%，木支撑周转次数为 15 次，补损率为 10%。

$$模板周转使用量 = 3.873 \times \left[\frac{1 + (5-1) \times 15\%}{5} \right] = 1.239 m^3$$

$$支撑周转使用量 = 7.983 \times \left[\frac{1 + (15-1) \times 10\%}{15} \right] = 1.277 m^3$$

（3）每 $100m^2$ 周转回收量计算

$$周转回收量 = 一次使用量 \times \left(\frac{1 - 补损率}{周转次数} \right)$$

$$模板回收量 = 3.873 \times \left(\frac{1 - 15\%}{5} \right) = 0.658 m^3$$

$$支撑回收量 = 7.983 \times \left(\frac{1 - 10\%}{15} \right) = 0.479 m^3$$

（4）每 $10m^2$ 构件模板

$$摊销量 = 周转使用量 - 周转回收量$$
$$模板摊销量 = 1.239 - 0.658 = 0.581 m^3$$
$$支撑摊销量 = 1.277 - 0.479 = 0.798 m^3$$
$$合计摊销量 = 0.581 + 0.798 = 1.379 m^3$$

2. 现浇构件周转性材料（组合钢模板、复合木模板）摊销量

组合钢模板、复合木模板属周转使用材料，但其摊销量与现浇构件木模板计算方法不同，它不需计算每次周转的损耗，只需根据一次使用量及周转次数，即可计算出其摊销量。计算公式如下：

$$周转材料摊销量 = \frac{100m^2 一次使用量 \times (1 + 施工损耗率)}{周转次数}$$

现行 1995 年《全国统一建筑工程基础定额》中有关组合钢模板、复合木模板周转次数及施工损耗详见表 2-15。

组合模板、复合模板材料周转次数及施工损耗表　　表 2-15

序号	名称	周转次数（次）	施工损耗率（%）	备注
1	模板板材	50	1	包括梁卡具。柱箍损耗率为 2%
2	零星卡具	20	2	包括"V"形卡具、"L"形插销、梁形扣件、螺栓
3	钢支撑系统	120	1	包括连杆、钢筋支撑、管扣件

续表

序号	名称	周转次数（次）	施工损耗率（%）	备注
4	木模	5	5	
5	木支撑	10	5	包括琵琶撑、支撑、垫板、拉杆
6	圆钉、钢丝	1	2	
7	木楔	2	5	
8	尼龙帽	1	5	

例2-13 根据选定的现浇钢混凝土设计图纸计算，每100m^2 矩形（钢模、钢支撑）模板接触面积需组合式钢模板 3866kg、模板木材 0.305m^3、钢支撑系统 5458.80kg、零星卡具 1308.6kg、木支撑系统 1.73m^3。试计算周转材料摊销量。

解 因为组合模板、复合模板材料不考虑补损率，所以其摊销量计算公式为：

$$周转材料摊销量 = \frac{100m^2 一次使用量 \times (1 + 施工损耗率)}{周转次数}$$

（1）钢模板。从表2-15可知，钢模板周转次数为50次，施工损耗率为1%。

$$钢模板摊销量 = \frac{3866 \times (1 + 1\%)}{50} = 78.09 kg/100m^2$$

（2）模板木材。从表2-15可知，模板木材周转次数为5次，施工损耗率为5%。

$$模板木材摊销量 = \frac{0.305 \times (1 + 5\%)}{5} = 0.064 m^3/100m^2$$

（3）钢支撑系统。从表2-15可知，钢支撑系统周转次数为120次，施工损耗率为1%。

$$钢支撑系统摊销量 = \frac{5458.80 \times (1 + 1\%)}{120} = 45.94 kg/100m^2$$

（4）零星卡具。从表2-15可知，零星卡具周转次数为20次，施工损耗率为2%。

$$零星卡具摊销量 = \frac{1308.6 \times (1 + 2\%)}{20} = 66.74 kg/100m^2$$

（5）木支撑系统。从表2-15可知，木支撑系统周转次数为10次，施工损耗率为5%。

$$从支撑摊销量 = \frac{1.73 \times (1 + 5\%)}{10} = 0.182 m^3/100m^2$$

3. 预制构件模板计算公式

预制构件模板由于损耗很少，可以不考虑每次的补损率，按多次使用平均分摊的办法进行计算，其计算公式如下：

$$模板摊销量 = \frac{一次使用量}{周转次数}$$

第五节　机械台班消耗定额的确定

一、机械台班消耗定额的定义

机械台班消耗定额，是指在正常施工、合理的劳动组织和合理使用施工机械的条件下，生产单位合格产品所必需的一定品种、规格施工机械作业时间的消耗标准。

所谓"台班"就是一台机械工作一个工作班（即8h）。

二、机械工作时间的分类

机械工作时间分为两类：必须消耗时间（定额时间）和损失时间（非定额时间），如图2-8所示。

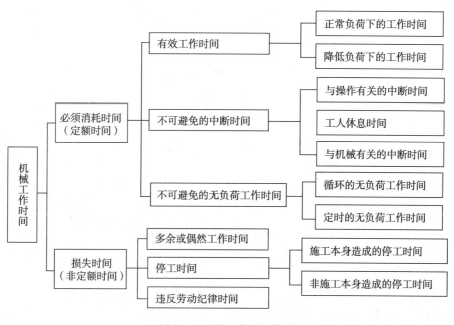

图2-8 机械工作时间分类

（一）必须消耗时间（定额时间）

1. 有效工作时间

包括正常负荷下和降低负荷下两种工作时间消耗。

（1）正常负荷下的工作时间。指机械在与机械说明书规定负荷相符的正常负荷下进行工作的时间。

（2）降低负荷下的工作时间。指由于施工管理人员或工人的过失以及机械陈旧或发生故障等原因，使机械在降低负荷的情况下进行工作的时间。

2. 不可避免的无负荷工作时间

指由于施工过程的特性和机械结构的特点所造成的机械无负荷工作的时间，一般分为循环的和定时的两类。

（1）循环的不可避免无负荷工作时间。指由于施工过程的特性所引起的空转所消耗的时间。它在机械工作的每一个循环中重复一次。如，铲运机返回到铲土地点。

（2）定时的不可避免无负荷工作时间。指发生在载重汽车或挖土机等的工作台中的无负荷工作时间。如，工作班开始和结束时来回无负荷的空行或工作地段转移所消耗的时间。

41

3. 不可避免的中断时间

是由于施工过程的技术和组织的特征造成的机械工作中断时间。

（1）与操作有关的不可避免中断时间。通常有循环的和定时的两种。循环的是指在机械工作的每一个循环中重复一次，如汽车装载、卸货的停歇时间。定时的是指经过一定时间重复一次。如喷浆器喷白，从一个工作地点转移到另一个工作地点时，喷浆器工作的中断时间。

（2）与机械有关的不可避免中断时间。指用机械进行工作，人在准备与结束工作时使机械暂停的中断时间，或者在维护保养机械时必须使其停转所发生的中断时间。前者属于准备与结束工作的不可避免中断时间；后者属于定时的不可避免中断时间。

（3）工人休息时间。指工人必需的休息时间。

（二）损失时间（非定额时间）

1. 多余或偶然的工作时间

多余或偶然的工作有两种情况：一是可避免的机械无负荷工作，是指工人没有及时供给机械用料引起的空转。二是机械在负荷下所做的多余工作，如搅拌混凝土时超过规定的搅拌时间，即属于多余工作时间。

2. 停工时间

按其性质又分为以下两种：

（1）施工本身造成的停工时间。指由于施工组织不善引起的机械停工时间，如临时没有工作面，未能及时供给机械用水、燃料和润滑油，以及机械损坏等引起的机械停工时间。

（2）非施工本身造成的停工时间。由于外部的影响引起的机械停工时间，如水源、电源中断（不是由于施工原因），以及气候条件（暴雨、冰冻等）的影响而引起的机械停工时间。

3. 违反劳动纪律时间

由于工人违反劳动纪律而引起的机械停工时间。

三、机械台班消耗定额的表现形式

机械台班消耗定额的表现形式，有时间定额和产量定额两种。

（一）机械时间定额

在正常的施工条件和合理的劳动组织下，完成单位合格产品所必须消耗的机械台班数量。用公式表示如下：

$$机械时间定额 = \frac{1}{机械台班产量定额}$$

（二）机械台班产量定额

在正常的施工条件和合理的劳动组织下，在一个台班时间内必须完成的单位合格产品的数量。用公式表示如下：

$$机械台班产量定额 = \frac{1}{机械时间定额}$$

所以，机械时间定额和机械台班产量定额之间互为倒数。

即机械时间定额×机械台班产量定额＝1。

（三）机械台班人工配合定额

由于机械必须由工人配合，机械台班人工配合定额是指机械台班配合用工部分，即机械和人工共同工作时的人工定额。用公式表示如下：

$$时间定额 = \frac{机械台班内工人的总工日数}{机械的台班产量}$$

$$机械台班产量定额 = \frac{机械台班内工人的总工日数}{机械时间定额}$$

例 2-14 用塔式起重机安装某混凝土构件，由 1 名吊车司机、6 名安装起重工、3 名电焊工组成的小组共同完成。已知机械台班产量定额为 50 根。试计算吊装每一根构件的机械时间定额和人工时间定额和台班产量定额（人工配合）。

解 （1）吊装装配每一根混凝土构件的机械时间定额 $= \dfrac{1}{机械台班产量定额}$

$$= \frac{1}{50} = 0.02 \text{ 台班}$$

（2）吊装每一根构件的人工时间定额 $= \dfrac{1+6+3}{50} = 0.2$ 工日／根

（3）台班产量定额（人工配合）$= \dfrac{1}{0.2} = 5$ 根／工日

四、机械台班定额的编制

（一）拟定机械工作的正常施工条件

机械工作与人工操作相比，其劳动生产率与其施工条件密切相关，拟定机械施工条件，主要是拟定工作地点的合理组织和合理的工人编制。

1. 工作地点的合理组织

就是对施工地点机械和材料的放置位置、工作操作场所做出科学合理的布置和空间安排，尽可能做到最大限度地发挥机械的效能，减少工人的劳动强度与时间。

2. 拟定合理的工人编制

就是根据施工机械的性能和设计能力、工人的专业分工和劳动工效，合理确定能保持机械正常生产率和工人正常的劳动工效的工人的编制人数。

（二）确定机械纯工作 1h 正常生产率

机械纯工作时间，就是指机械必须消耗的时间。机械纯工作 1h 正常生产率，就是正常施工组织条件下，具有必需的知识和技能的技术工人操纵机械工作 1h 的生产率。

根据机械工作特点的不同，机械纯工作 1h 正常生产率的确定方法也有所不同，经常把建筑机械分为循环动作机械和连续动作机械两种类型。

1. 循环动作机械

循环动作机械是指机械重复地、有规律地在每一周期内进行同样次序的动作。如塔式起重机、混凝土搅拌机、挖掘机等。这类机械纯工作时间正常生产率的计算公式如下：

（1）机械一次循环的正常延续时间(s) ＝ Σ（循环各组成部分正常延续时间）－重叠时间

(2) 机械纯工作 1h 循环次数 = $\dfrac{60\times 60(\text{s})}{\text{一次循环的正常延续时间(s)}}$

(3) 机械纯工作 1h 正常生产率 = 机械纯工作 1h 正常循环次数 × 一次循环生产的产品数量

2. 连续动作机械

连续动作机械是指机械工作时无规律性的周期界线，是不停地做某一种动作，如皮带运输机等。

其纯工作 1h 的正常生产率计算公式如下：

$$\text{连续动作机械纯工作 1h 正常生产率} = \dfrac{\text{工作时间内生产的产品数量}}{\text{工作时间(h)}}$$

式中工作时间内的产品数量和工作时间的消耗，要通过多次现场观察和机械说明书来取得数据。

（三）确定机械的正常利用系数

机械的正常利用系数是指机械在工作班内对工作时间的利用率。机械的利用系数和机械在工作班内的工作状况有着密切的关系，其计算公式如下：

$$\text{机械正常利用系数} = \dfrac{\text{机械在一个工作班内纯工作时间(h)}}{\text{一个工作班延续时间(h)}}$$

（四）计算机械台班消耗定额

机械台班消耗定额采用下列公式来计算：

$$\begin{aligned}\text{施工机械台班产量定额} &= \text{机械纯工作 1h 正常生产率} \times \text{工作班纯工作时间} \\ &= \text{机械纯工作 1h 正常生产率} \times \text{工作延续时间} \\ &\quad \times \text{机械正常利用系数}\end{aligned}$$

$$\text{施工机械时间定额} = \dfrac{1}{\text{机械台班产量定额}}$$

例 2-15 某沟槽采用挖斗容量为 0.5m^3 的反铲挖掘机挖土，已知该挖掘机铲斗充盈系数为 1.0，每循环 1 次时间为 2min，机械利用系数为 0.85。试计算该挖掘机台班产量定额。

解 （1）机械一次循环时间为 2min。

（2）机械纯工作 1h 循环次数 $\dfrac{60}{2} = 30$ 次。

（3）机械纯工作 1h 正常生产率 $= 30 \times 0.5 \times 1 = 15\text{m}^3/\text{h}$。

（4）机械正常利用系数 $= 0.85$。

（5）挖掘机台班产量 $= 15 \times 8 \times 0.85 = 102\text{m}^3/\text{台班}$。

例 2-16 某工程基础土方地槽长为 255m，槽底宽为 2.8m，设计室外地坪标高为 -0.30m，槽底标高为 -2.2m，无地下水，放坡系数为 0.33，地槽两端不放坡，采用挖斗容量为 0.5m^3 的反铲挖掘机挖土，载重量为 5t 的自卸汽车将开挖土方量的 55% 运走，运距为 4km，其余土方量就地堆放。经测试的有关技术数据如下：

（1）土的松散系数为 1.2，松散状态密度为 1.60t/m^3；

（2）挖掘机的铲斗充盈系数为 1.0，每循环 1 次时间为 3min，机械时间利用系数为 0.90；

(3) 自卸汽车每一次装卸往返时间需 30min，时间利用系数为 0.85。
(备注：时间利用系数仅限于计算台班产量时使用。)
试求：
(1) 该工程地槽土方工程开挖量为多少？
(2) 所选挖掘机、自卸汽车的台班产量是多少？
(3) 所需挖掘机、自卸汽车各多少台班？
(4) 如果要求在 8d 内完成挖土方工作，至少需要多少台挖掘机和自卸汽车？

解 (1) 该工程地槽土方工程量
$$V = (B + KH) \cdot H \cdot L$$
$$H = 2.2 - 0.3 = 1.9\text{m}$$
$$V = (2.8 + 0.33 \times 1.9) \times 1.9 \times 255 = 1660.38\text{m}^3$$

(2) 挖掘机、自卸汽车台班产量定额
1) 0.5m³ 反铲挖掘机
每小时循环次数：60÷3 = 20 次
每小时劳动生产率：20×0.5×1 = 10m³/h
每台班产量定额：10×8×0.9 = 72m³/台班
2) 5t 自卸汽车
每小时循环次数：60÷30 = 2 次
每小时劳动生产率：2×5÷1.60 = 6.25m³/h
每台班产量定额：6.25×8×0.85 = 42.50m³/台班
或按自然状态土体积计算每台班产量：6.25×8×0.85÷1.20 = 35.42m³/台班

(3) 所需挖掘机、自卸汽车台班数量
1) 挖掘机台班数：1660.38÷72 = 23.06 台班
2) 自卸汽车台班数：1660.38×55%×1.2÷42.50 = 25.78 台班
或 1660.38×55%÷35.42 = 25.78 台班

(4) 8d 完成土方工作的机械配备量
1) 挖掘机台数：23.06÷8 = 2.88 台　　　　取 3 台
2) 自卸汽车台数：25.78÷8 = 3.22 台　　　　取 4 台

例 2-17 砌筑一砖半墙的技术测定资料如下：
(1) 完成 1m³ 砖砌体需基本工作时间 15.8h，辅助工作时间占工作延续时间的 5%，准备与结束工作时间占 3%，不可避免中断时间占 2%，休息时间占 15%。
(2) 砖墙采用 M5 水泥砂浆，实体积与虚体积之间的折算系数为 1.07，砖和砂浆的损耗率均为 1%，完成 1m³ 砌体需耗水 0.85m³，其他材料费占上述材料费的 2%。
(3) 砂浆用 200L 搅拌机现场搅拌，运料需 185s，装料需 60s，搅拌需 85s，卸料需 35s，不可避免中断时间 10s。搅拌机制投料系数为 0.80，机械利用系数为 0.85。
试确定砌筑 1m³ 砖墙的人工、材料、机械台班消耗量定额。

解 (1) 人工消耗定额
$$时间定额 = \frac{15.8}{(1-5\%-3\%-2\%-15\%)\times 8} = 2.63 \text{ 工日}/\text{m}^3$$

$$产量定额 = \frac{1}{时间定额} = \frac{1}{2.63} = 0.38 \mathrm{m}^3/工日$$

(2) 材料消耗定额

$1\mathrm{m}^3$ 一砖半墙的净用量

$$= \left[\frac{1}{(砖长+灰缝)\times(砖厚+灰缝)} + \frac{1}{(砖宽+灰缝)\times(砖厚+灰缝)}\right]$$

$$\times \frac{1}{砖长+砖宽+灰缝}$$

$$= \left[\frac{1}{(0.24+0.01)\times(0.053+0.01)} + \frac{1}{(0.115+0.01)\times(0.053+0.01)}\right]$$

$$\times \frac{1}{0.24+0.115+0.01} = 522 \text{ 块}$$

$$砖的消耗量 = 522 \times (1+1\%) = 527 \text{ 块}$$

$1\mathrm{m}^3$ 一砖半墙砂浆净用量 $= (1 - 522 \times 0.24 \times 0.115 \times 0.053) \times 1.07 = 0.253 \mathrm{m}^3$

$$砂浆消耗量 = 0.253 \times (1+1\%) = 0.256 \mathrm{m}^3$$

水用量 $0.85 \mathrm{m}^3$

(3) 机械台班消耗定额

首先确定搅拌机循环一次所需时间：

由于运料时间 185s

装料、搅拌、出料和不可避免的中断时间之和 = 60 + 85 + 35 + 10 = 190s

所以搅拌机循环一次所需时间为 190s。

搅拌机的净工作 1h 的生产率：$60 \times 60 \div 190 \times 0.2 \times 0.80 = 3.03 \mathrm{m}^3$

搅拌机的台班产量定额 $= 3.03 \times 8 \times 0.85 = 20.60 \mathrm{m}^3/台班$

$1\mathrm{m}^3$ 一砖半墙机械台班消耗量 $= 1 \div 20.60 = 0.049$ 台班$/\mathrm{m}^3$

例 2-18 某现浇框架结构房屋的二层层高为 4.50m，各柱与柱中心线之间距离为 6.00m，且各柱梁截面统一，柱为 500mm×500mm，梁为 250mm×600mm，混凝土为 C20，采用出料容积为 400L 的混凝土搅拌机现场搅拌。设计室内地坪 ±0.00m，柱基顶面标高 -1.50m，框架间为空心砌块墙。相关技术资料测定如下：

(1) 上述搅拌机每一次搅拌循环，装料 55s，搅拌 140s，卸料 40s，不可避免中断 15s，机械利用系数为 0.8，混凝土损耗率为 1.5%。

(2) 砌筑 $1\mathrm{m}^2$ 空心砌块墙要消耗基本工作时间 35min，辅助时间占工作延续时间的 6%，不可避免的中断时间占基本工作时间的 3%，休息时间占基本工作时间的 4%。

试计算：

(1) 一跨框架梁柱的工程量、混凝土用量、需混凝土搅拌机台班数量？

(2) 完成一跨框架填充墙砌筑需多少工日？

解 (1) 问题 1

1) 混凝土工程量：

①柱 $0.5 \times 0.5 \times (4.5+1.5) \times 2 = 3.00 \mathrm{m}^3$

②梁 $0.25 \times 0.6 \times (6-0.5) = 0.83 \mathrm{m}^3$

2) 混凝土总用量 $(3.00+0.83) \times (1+1.5\%) = 3.89 \mathrm{m}^3$

3）混凝土搅拌机数量：

$$一次循环持续时间 = 55 + 140 + 40 + 15 = 250s$$
$$每小时循环次数 = 60 \times 60 \div 250 = 14.4 次$$
$$每台班产量定额 = 14.4 \times 0.4 \times 8 \times 0.8 = 36.86 m^3/台班$$
$$每 1m^3 混凝土时间定额 = 1 \div 36.86 = 0.027 台班/m^3$$
$$需混凝土搅拌机台班数 = 0.027 \times 3.89 = 0.105 台班$$

（2）问题2

$$砌块墙面积 S = (4.5 - 0.6) \times (6 - 0.5) = 21.45 m^2$$
$$每砌 1m^2 墙时间 = \frac{35 \times (1 + 3\% + 4\%)}{1 - 6\%} = 39.84 min$$
$$时间定额 = 39.84 \div (60 \times 8) = 0.083 工日/m^2$$
$$砌筑填充墙需人工工日数 = 21.45 \times 0.083 = 1.78 工日$$

思 考 题

1. 什么是劳动消耗定额？劳动定额最基本的表现形式有哪几种？它们之间的关系是什么？
2. 什么叫施工过程？施工过程如何分类？
3. 施工过程如何划分？请举实例说明。
4. 工人工作时间如何分类？它们的大小各与哪些因素相关？
5. 什么叫计时观察法？在施工中运用计时观察法的主要目的是什么？它适用于研究什么施工过程的工时消耗？
6. 计时观察法有哪几种类型？试述它们各自的特点、步骤和适用范围。
7. 制定人工定额消耗量有哪几种方法？试述它们各自的特点。
8. 有工时消耗统计数组：35、40、60、55、65、65、50、40、90、55。试求平均先进值。
9. 上题的统计数组如为产量消耗，试求平均先进值。
10. 现行《全国统一建筑安装工程劳动定额》属于什么标准，它由哪几部分组成？
11. 现行《全国统一建筑安装工程劳动定额》中的定额时间由哪些部分组成？
12. 某人工挖土方测时资料表明，挖 $1m^3$ 土需消耗基本工作时间65min，辅助工作时间占工作延续时间的4%，准备与结束时间、不可避免中断时间、休息时间分别占工作延续时间的比例为1%、1%、20%。试计算挖土项目的时间定额和产量定额。
13. 某工程有 $150m^3$ 的标准基础，每天有25名专业工人投入施工，时间定额为 0.937 工日/m^3。试计算完成该项工程的施工天数。
14. 在确定人工定额消耗量时，影响工时消耗的因素有哪些？
15. 什么是材料消耗定额？它有哪几种制定方法？
16. 试计算3/4标准砖外墙每 $1m^3$ 砌体砖和砂浆的消耗量。
17. 机械工作时间如何分类？
18. 什么是机械台班消耗定额？它有几种表现形式？
19. 试述机械台班定额消耗量确定方法。
20. 钢筋混凝土圈梁按选定的模板设计图纸，每 $10m^3$ 混凝土模板接触面积 $98m^2$，每 $10m^2$ 接触面积需木方板材 $0.751m^3$，损耗率为5%，周转次数8，每次周转补损率为10%。试计算模板摊销量。
21. 什么叫材料的定额损耗量？它主要包括哪些损耗？如何计算？
22. 某工程现场采用500L的混凝土搅拌机，每一次循环中需要的时间分别为，装料1min、搅拌

4min、卸料 1.5min、中断 1min，机械正常利用系数为 0.85。试计算该搅拌机的台班产量。

23. 已知完成某项任务的先进工时消耗为 10h，保守的工时消耗为 16h，一般的工时消耗为 12h。试问：①如果要求在 13h 内完成，其完成任务的可能性有多少？②要使完成任务的可能性为 90%，可下达的工时定额应是多少？

24. 某工程现捣钢筋混凝土矩形柱，设计断面为 400mm×500mm，已计算得模板工程量为 55m²，每天由 30 名专业工人投入施工。试计算完成柱模板安装需要的施工天数。

25. 墙面砖规格为 240mm×60mm×6mm，灰缝为 5mm，其损耗率为 1.5%，试计算 100m² 墙面的墙面砖消耗量。

26. 试计算每 1m³ 的混合砂浆 1:1:4 水泥、石灰、砂的材料消耗量。已知砂密度 2650kg/m³，砂表密度 1600kg/m³，水泥密度 1200kg/m³，砂损耗率为 2%，水泥、石灰膏损耗率各为 1%。

27. 筑 1 砖墙的技术测定资料如下：

（1）完成 1m³ 的砖墙需基本工作时间 15.5h，辅助工作时间占工作班延续时间的 3%，准备与结束工作时间占 3%，不可避免中断时间占 2%，休息时间占 16%。

（2）砖墙采用 M5 水泥砂浆，实体积与虚体积之间的折算系数为 1.07，砖和砂浆的损耗率均为 1%，完成 1m³ 砌体需耗水 0.8m³，其他材料费占上述材料费的 2%。

（3）砂浆采用 400L 搅拌机现场搅拌，运料需要 200s，装料 50s，搅拌 80s，卸料 30s，不可避免中断 10s，机械利用系数 0.8。

试计算砌筑 1m³ 砖墙的人工、材料、机械台班消耗量。

28. 某现浇框架建筑的二层层高为 4.0m，各方向的柱距均为 6.6m，且各柱梁断面均统一，柱为 450mm×450mm，梁为 400mm×600mm，混凝土为 C25，采用出料容积为 400L 的混凝土搅拌机现场搅拌。框架间为空心砌块墙。

技术测定资料如下：

（1）上述搅拌机每一次搅拌循环：①装料 50s；②运行 180s；③卸料 40s；④中断 20s。机械利用系数为 0.9。定额混凝土损耗率为 1.5%。

（2）砌筑空心砌块墙，辅助工作时间占工作延续时间的 7%，准备与结束工作时间占 5%，不可避免的中断时间占 2%，休息时间占 3%，完成 1m² 砌块墙要消耗基本工作时间 40min。

问题：

（1）第二层 1 跨框架梁的工程量、混凝土用量、需混凝土搅拌机多少台班？

（2）第二层 1 跨框架填充砌块墙（无洞口）砌筑需多少工作日？

第三章 企业定额

第一节 概 述

近年来,随着《招投标法》、《建设工程工程量清单计价规范》的先后颁布实施,我国建设工程计价模式正由原来的"政府统一价格"向"控制量、指导价、竞争费"方向转变,并最终达到"政府宏观调控、企业自主报价、市场形成价格、政府全面监督"的改革目标。建筑施工企业为适应工程计价的改革,就必须更新观念,未雨绸缪,适应环境,以市场价格为依据形成建筑产品价格,按照市场经济规律建立符合企业自身实际情况和管理要素的有效价格体系,而这个价格体系中的重要内容之一就是"企业定额"。

一、企业定额的概念

企业定额是企业根据自身的经营范围、技术水平和管理水平,在一定时期内完成单位合格产品所必需的人工、材料、施工机械的消耗量以及其他生产经营要素消耗的数量标准。

建筑产品价格与工程量、计价基础之间存在着密切关系,当工程量已定,那么决定建筑产品价格的重要要素就是计价基础——定额或标准。预算定额是按社会必要劳动量原则确定了生产要素的消耗量,确定了定额的"量";由于这种"量"是按社会平均确定的,故它决定了完成单位合格产品的生产要素消耗量是一个社会平均消耗,在这种情况下,它对企业来说仅为参考定额。即使人工、材料、机械台班的价格在市场要求非常到位的情况下,其所确定的建筑产品价格,也只是代表企业平均水平的社会生产价格。这种价格,用于投标报价,就等于让建筑产品的每一次具体交换,都使其价格与社会生产价格相符。它不仅淡化了价格机制在建筑市场中的调节作用,而且还因价格触角缺乏灵敏度从而导致企业按市场机制运作能力的退化,不利于企业的发展。企业定额则是按建筑企业自身的生产消耗水平、施工对象和组织管理水平等特点,来确定定额的"量",由市场实际和企业自身采购渠道来确定与"量"对应的人工单价、材料价格和机械台班价格来确定定额的"价"。这样就可以保证施工企业按个别成本自主报价,也符合了市场经济、特别是我国"入世"后竞争形势的客观要求。企业定额反映的是企业施工生产与生产消费的数量关系,不仅能体现企业个别的劳动生产率和技术生产装备水平,同时也是衡量企业管理水平的标尺,是企业加强集约经营、精细管理的前提和主要手段。

作为企业定额,一般应具备以下特点:
(1) 水平先进性。其人工、材料、机械台班及其他各项消耗应低于社会平均劳动消耗量,才能保证企业在竞争中取得先机。
(2) 技术优势性。其内容必须体现企业自身在技术上的某些特点和优势。

（3）管理优胜性。其编制过程与依据应表现企业在组织管理方面的特长和优势。

（4）价格动态性。其价格应反映企业在市场操作过程中能取得的实际价格。

二、企业定额的作用

企业定额作为企业内部生产管理的标准文件，是建筑施工企业生产经营活动的基础，是组织和指挥生产的有效工具。是企业进行编制工程投标报价的依据，是优化施工组织设计的依据，是企业成本核算、经济指标测算及考核的依据，是计算工人劳动报酬的依据，是专业分包计价的依据。

（一）企业定额在工程量清单计价中的作用

为适应我国建筑市场的发展，同时与国际建筑市场的接轨，2003年，建设部发布了《建设工程工程量清单计价规范》（以下简称《计价规范》），《计价规范》是建设工程在招标投标工作中，由招标人按照《计价规范》中统一的工程量计算规则提供工程量清单，由投标人对各项工程量清单自主报价，经评审合理报价的企业为中标企业的工程造价计价模式。因此，工程量清单计价为企业在工程投标报价中进行自主报价提供了相对自由宽松的环境，在这种环境下，企业定额是企业投标时自主报价的基础和主要依据。

在确定工程投标报价时，第一，要根据企业定额，结合当地物价水平、劳动力价格水平、设备购置与租赁、施工组织方案、现场环境等因素计算出本企业拟完成投标工程的基础报价；第二，要根据企业的其他生产经营要素，测算管理费，并按相关规定计算相关规费、税金等；第三，要根据政府政策要求、招标文件中合同条件、发包方信誉及资金实力等客观条件确定在该工程上拟获得的利润，以及预计的工程风险和其他应考虑的因素，从而确定投标报价。按以上三个要点，投标企业依据企业定额进行各分项工程量清单的组价，汇总各工程量清单单价，形成投标报价。

（二）企业定额在合理低价中标中的作用

在工程招投标活动中，有些招标单位采用合理低价中标法选择承包方占的比重很大，评标中规定：除承包方资信、施工方案满足招标工程要求外，工程投标报价将作为主要竞争内容，应选择合理低价的单位为中标单位。

企业在参加投标时，首先根据企业定额进行工程成本预测，通过优化施工组织设计和高效的管理，将竞争费用中的工程成本降到最低，从而确定工程最低成本价；其次依据测定的最低成本价，结合企业内外部客观条件、所获得的利润等报出企业能够承受的合理最低价。以企业定额为基础参与低价中标的投标活动，可避免盲目降价导致报价低于工程成本继而中标后出现成本亏损现象的发生。

国外许多工程招标均采用合理低价法，企业定额也可作为企业参与国外工程项目投标报价的依据。

（三）企业定额在企业管理中的作用

施工企业项目成本管理是指施工企业对项目发生的实际成本通过预测、计划、核算、分析、考核等一系列活动，在满足工程质量和工期的条件下采取有效的措施，不断降低成本，达到成本控制的预期目标。目前许多施工企业实行了项目经理责任制，因此企业定额就成为实现项目成本管理目标的基础和依据。

项目部责任目标的实现，一方面是以企业定额为依据参加投标报价中标的工程，其工程造价已按企业定额确定，也就是固定价合同。因此在确定收入前提下，如何控制成本支出成为管理的重点。项目部应以企业定额为标准，将构成工程成本中人工、材料、机械和现场各项费用的支出，分别制定计划，按照作业计划下达施工任务书和限额领料单来组织和指挥施工队进行施工，对超企业定额用量的应及时采取措施进行控制。企业定额在项目管理中的应用，可以起到控制成本、降低费用开支的作用，同时也为企业加强项目核算和增加盈利创造了良好的条件。另一方面是采用企业定额投标的项目，企业定额在项目管理中除上述作用外，还是企业对项目进行责任目标下达、实施项目过程控制和项目终结考核兑现的依据。

在企业日常管理中，以企业定额为基础，通过对项目成本预测、过程控制和目标考核的实施，可以核算实际成本与计划成本的差额，分析原因，总结经验，不断促进和提升企业的总体管理水平，同时这些管理办法的实施也对企业定额的修改和完善起着重要的作用。所以企业应不断积累各种结构形式下成本要素的资料，逐步形成科学合理，且能代表企业综合实力的企业定额体系。

从本质上讲，企业定额是企业综合实力和生产、工作效率的综合反映。企业综合效率的不断增长，还依赖于企业营销与管理艺术和技术的不断进步，反过来又会推动企业定额水平的不断提高，形成良性循环，企业的综合实力也会不断地发展和进步。

（四）企业定额有利于建筑市场健康和谐发展

施工企业的经营活动应通过项目的承建，谋求质量、工期、信誉的最优化。唯有如此，企业才能走向良性循环的发展道路，建筑业也才能走向可持续发展的道路。企业定额的应用，促使企业在市场竞争中按实际消耗水平报价。这就避免了施工企业为了在竞标中取胜，无节制地压价、降价，造成企业效率低下、生产亏损、发展滞后现象的发生，也避免了业主在招标中滋生腐败的行为。在我国现阶段建筑业计划经济向市场经济转变的时期，企业定额的编制和使用一定会对规范发包、承包行为，对建筑业的可持续发展，产生深远和重大的影响。

企业定额适应了我国工程造价管理体系和管理制度的变革，是实现工程造价管理改革最终目标不可或缺的一种重要环节。以各自的企业定额为基础按市场价格做出报价，就能真实地反映出施工企业成本的差异，在施工企业之间形成实力的竞争，从而真正达到市场形成价格的目的。因此，可以说企业定额的编制和运用是我国工程造价领域改革关键而重要的一步。

三、企业定额的编制原则

施工企业编制企业定额，纵向应该根据企业实际情况坚持既要结合历年定额水平，又要放眼企业今后的发展趋势；横向与国内外建筑市场相适应，按市场经济规律办事，特别应注意与《建筑工程工程量清单计价规范》衔接。具体就施工企业编制企业定额而言，不但要与历史水平相比，还要与客观实际相比，要使本企业在正常经营管理情况下，经过努力和改进，可以达到定额水平。

（一）先进性原则

我国现行《全国统一建筑工程基础定额》的水平是以正常的施工条件，多数建筑施工企业的施工机械装备程度，合理的施工工期、施工工艺、劳动组织为基础编制的，它反映了社会平均消耗水平标准；而企业定额水平反映的是一定的生产经营范围内、在特定的管理模式和正常的施工条件下，某一施工企业的项目管理部经合理组织、科学安排后，生产者经过努力能够达到和超过的水平。这种水平既要在技术上先进，又要在经济上合理可行，是一种可以鼓励中间、鞭策落后的定额水平，这种定额水平的制定将有利于企业降低人工、材料、机械的消耗，有利于提高企业管理水平和获取最大的利益，而且，还能够正确地反映比较先进的施工技术和施工管理水平，以促进新技术、新材料、新工艺在施工企业中的不断推广应用和施工管理的日益完善。同时企业定额还应包括传统预算定额中包含的合理的幅度差等可变因素。其总体水平应超过或高于社会平均消耗水平。

（二）适用性原则

企业定额作为企业投标报价和工程项目成本管理的依据，在编制企业定额时，应根据企业的经营范围、管理水平、技术实力等合理地进行定额的选项及其内容的确定。在编制选项思路上，应与国家标准《建设工程工程量清单计价规范》中的项目编码、项目名称、计量单位等保持一致和衔接，这样即有利于满足清单模式下报价组价的需要，也有利于借助国家规范尽快建立自己的定额标准，更有利于企业个别成本与社会平均成本的比较分析。对影响工程造价主要、常用的项目，在选项上应比传统预算定额详尽具体。如：钢筋混凝土工程中，可将混凝土浇筑按其运输方式不同分为卷扬机和塔吊；钢筋制作绑扎可按不同规格、材质分别列项等；对一些次要的、价值小的项目在确保定额通用性的同时尽量综合，便于以后定额的日常管理。适用性原则还体现在，企业定额设置应简单明了、便于使用，同时满足项目劳动组织分工、项目成本核算和企业内部经济责任考核等方面的需求。

（三）量价分离的原则

企业定额中形成工程实体的项目实行固定量、浮动价和规定费的动态管理计价方式。企业定额中的消耗量在一定条件下是相对固定的，但不是绝对的永恒，企业发展的不同阶段企业定额中有不同的定额消耗量与之相适应，同时企业定额中的人工、材料、机械价格以当期市场价格计入；组织措施费根据企业内部有关费用的相关规定、具体施工组织设计及现场发生的相关费用进行确定；技术措施性费用项目（如脚手架、模板工程等）应以固定量、不计价的不完全价格形式表现，这类项目在具体工程项目中可根据工程的不同特点和具体施工方案，确定一次投入量和使用期进行计价。如：周转材料租赁费＝工程量×定额一次使用量×一次使用期×租赁单价。

（四）独立自主编制原则

施工企业作为具有独立法人地位的经济实体，应根据企业的实际情况，结合政府的价格政策和产业导向，根据企业的运行体制和管理环境等独立自主地确定定额水平，划分定额项目，补充新的定额子目。在推行工程量清单计价的环境下，应注意在计算规则、项目划分和计量单位等方面与国家相关规定保持衔接。

（五）快捷性原则

定额数据种类广、数据量大，在编制过程中应充分利用计算机技术的实时响应、存储量大、计算准确快捷等优势，完成原始数据资料的收集、整理、分析及后期数据的合成、更新等任务。实践证明，利用信息化技术建立起完善的工程测算信息系统是企业定额编制工作准确快捷和顺利进行的有力保证。

（六）动态性原则

当前建筑市场新材料、新工艺层出不穷，施工机具及人工市场变化也日新月异，同时，企业作为独立的法人盈利实体，其自身的技术水平在逐步提高，生产工艺在不断改进，企业的管理水平也在不断提升。所以企业定额应与企业实时的技术水平、管理水平和价格管理体系保持同步，应当随着企业的发展而不断得到补充和完善。

四、企业定额的编制依据

企业定额编制依据主要有：

（1）国家的有关法律、法规，政府的价格政策，现行劳动保护法律、法规；

（2）现行的建筑安装工程施工及验收规范，安全技术操作规程，国家设计规范；

（3）通用性的标准图集，具有代表性工程的施工项目；

（4）《建设工程工程量清单计价规范》、《全国统一建筑工程基础定额》、《建筑安装工程劳动定额》、《建筑装饰工程劳动定额》、各地区统一预算定额和取费标准；

（5）企业的管理模式，技术水平，财务统计资料，工程施工组织方案，现场实际调查和测定的有关数据，工程具体结构和难易程度状况，以及采用的新工艺、新技术、新材料、新方法等。

五、企业定额编制步骤

（一）成立企业定额编制领导和实施机构

企业定额编制一般应由专业分管领导全权负责，抽调各专业骨干成立企业定额编制组（或专职部门），以公司定额编制组为主，以工程管理部、材料机械管理部、财务部、人力资源部以及各现场项目经理部配合（专业部门名称因企业不同可能有所不同）进行企业定额的编制工作，编制完成后归口部门对相关内容进行相应的补充和不断的完善。

（二）制定企业定额编制详细方案

根据企业经营范围及专业分布确定企业定额编制大纲和范围，合理选择定额各分项及其工作内容，确定企业定额各章节及定额说明，确定工程量计算规则，调整确定子目调节系数及相关参数等。

（三）明确职责，确定具体工作内容

定额编制组负责确定企业定额计算方法，测算资源消耗数量、摊销数量、损耗量，确定相关人工价格、材料价格、机械价格，汇总并完成全部定额编制文稿，测算企业定额水平，建立相应的定额消耗量库、材料库、机械台班库；工程管理部、人力资源部和材料机械管理部负责采集和整理现场资料，详细提供人工信息、机械相关参数、工序时间参数，提供临时设施、技术措施发生的费用，确定合理工期等；财务部主要负责对项目现场管理费用定额的编制，分析整理历年公司施工管理费用资料，按定额步距分别形成费用定额；各项目经理部主要负责提供现场资料，按企业定额编制组提出的要求收集本项目实际生产资料，包括人工、材料、机械以及其他现场直接费等现场实际发生的费用，资源消耗情况、劳动力分布、机械使用、能耗，同时应对收集资料的状况（环境）进行详细描述。

（四）确定人工、材料、机械台班消耗量

人工、材料、机械台班消耗量的确定是企业定额编制工作的关键和重点所在，在实际编制过程中主要采用现场观察测定法、经验统计法、定额修正法、理论计算法、造价软件法等方法。

（五）整理汇总各专业定额

各专业定额编制完成后，将定额投入到实际生产活动中进行试运行，试运行期间对出现的问题及时纠正和整改，并不断完善。试运行基本稳定后由定额编制组对各专业定额进行汇总并装订成册，正式投入运行。

（六）企业定额的补充完善

企业定额的补充完善是企业定额体系中的一个重要内容，也是一项必不可少的内容。企业定额应随着企业的发展、材料的更新以及技术和工艺的提高而不断得到补充和完善。实际工作中须对企业定额进行补充完善时常见的有下列几种情形：

（1）当设计图纸中某个工程采用新的工艺和材料，而在企业定额中未编制此类项目时，为了确定工程的完整造价，就必须编制补充定额。

（2）当企业的经营范围扩大时，为满足企业经营管理的需要，就应对企业定额进行补充完善。

（3）在应用过程中，企业定额所确定的各类费用参数与实际有偏差时，需要对企业定额进行调整修改。

第二节　企业定额的编制方法

一、企业定额的组成

从内容构成上讲，企业定额一般应由工程实体消耗定额、措施性消耗定额、施工取费定额、企业工期定额等构成。

（1）工程实体消耗定额，即构成工程实体的分部（项）工程的工、料、机的定额消耗量。实体消耗量就是构成工程实体的人工、材料、机械的消耗量，其中人工消耗量要根据企业工程的操作水平确定；材料消耗量不仅包括施工过程中的净消耗量，还应包括施工损耗；机械消耗量应考虑机械的损耗率。

（2）措施性消耗定额，即是指定额分项工程项目内容以外，为保证工程项目施工，发生于该工程施工前和施工过程中非工程实体项目的消耗量或费用开支。定额消耗量。措施性消耗量是指为了保证工程组成施工所采用的措施的消耗，是根据工程当时当地的情况以及施工经验进行的合理配置，应包括模板的选择、配置与周转，脚手架的合理使用与搭拆，各种机械设备的合理配置等措施性项目。

（3）施工取费定额，即由某一自变量为计算基础的，反映专项费用企业必要劳动量水平的百分率或标准。它一般由计费规则、计价程序、取费标准及相关说明等组成。各种取费标准，是为施工准备、组织施工生产和管理所需的各项费用标准。如企业管理人员的工资、各种基金、保险费、办公费、工会经费、财务经费、经常费用等。同时也包括利润与按有关规定计算的规费和税金。

（4）企业工期定额，即由施工企业根据以往完成工程的实际积累参考全国统一工期定额制定的工程项目施工消耗的时间标准。它一般由民用建筑工程、工业建筑工程、其他建筑工程、分包工程工期定额及相关说明组成。

二、企业定额的编制方法

（一）现场观察测定法

现场观察测定法以研究工时消耗为对象，以观察测时为手段，通过密集抽样和粗放抽样等技术进行直接的时间研究，确定定额人工、材料、机械消耗水平。这种方法以研究消耗量为对象、观察测定为手段，深入施工现场，在项目相关人员的配合下，通过分析研究，获得该工程施工过程中的技术组织措施和人工、材料、机械消耗量的基础资料，从而确定人工、材料、机械定额消耗水平。这种方法的特点，是能够把现场工时消耗情况和施工组织技术条件联系起来加以观察、测时、计量和分析，以获得一定技术条件下工时消耗的基础资料。这种方法技术简便、应用面广、资料全面，适用于影响工程造价大的主要项目及新技术、新工艺、新施工方法的劳动力消耗和机械台班水平的测定。

例如：人工消耗量的确定

时间定额和产量定额是人工定额的两种表现形式，算出时间定额，也就可以定出产量定额。

首先确定时间定额中的工作延续时间，其计算公式为：

$$工作延续时间 = 基本工作时间 + 辅助工作时间 + 准备与结束工作时间 + 不可避免中断时间 + 休息时间$$

在计算时，由于除基本工作时间外的其他时间一般用占工作延续时间的比例来表示，因此计算公式又可以改写为：

$$工作延续时间 = \frac{基本工作时间}{(1 - 其他工作时间占工作延续时间的比例)}$$

其次确定产量定额。其公式为：

$$产量定额 = \frac{1}{时间定额}$$

最后计算企业定额人工消耗量。其计算公式为：

$$企业定额人工消耗量 = 时间定额 \times (1 + 人工幅度差系数)$$

在确定人工消耗量时需要注意的是：在统计人工消耗量时，定额人工消耗量不应含机械工（司机）的消耗量，机械工应包含在机械消耗定额之中。

（二）经验统计法

经验统计法是运用抽样统计的方法，从以往类似工程的施工竣工结算资料和典型设计图纸资料及成本核算资料中抽取若干个项目的资料，进行分析、测算及定量的方法。运用这种方法，首先要建立一系列数学模型，对以往不同类型的样本工程项目成本降低情况进行统计、分析，然后得出同类型工程成本的平均值或是平均先进值。由于典型工程的经验数据权重不断增加，使其统计数据资料越来越完善、真实、可靠。此方法的特点是积累过程长，但统计分析细致，使用时简单易行，方便快捷。缺点是模型中考虑的因素有限，而工程实际情况则要复杂得多，对各种变化情况的需要不能一一适应，准确性也不够，因此这种方法对设计方案较规范的一般住宅民建工程的常用项目的人、材、机消耗及管理费测定较适用。如对于材料消耗量及其损耗率、人工幅度差和超运距等问题，可以采用这种方法。

例如，材料消耗量的确定：

$$材料定额消耗量 = 材料净用量 + 损耗量$$

在确定材料消耗量时需要注意的是：机械用动力资源如油、电、水、风等项目不包含在材料费用中。

（三）定额修正法

这种方法是以已有的全国（地区）定额、行业定额为蓝本，按照工程预算的计算程序计算出造价，分析出成本，然后根据具体工程项目的施工图纸、现场条件和企业劳务、设备及材料储备状况，结合实际情况对定额水平进行调增或调减，从而确定工程实际成本。在大部分施工单位企业定额尚未建立的今天，采用这种定额换算的方法建立企业定额，不失为一条捷径。这种方法在假设条件下，把变化的条件罗列出来进行适当的增减，既比较简单易行，又相对准确，是补充企业一般工程项目人、材、机和管理费标准的较好方法之一，不过这种方法制定的定额水平要在实践中得到检验和完善。在实际编制企业定额的过程中，对一些企业实际施工水平与传统定额所反映的平均水平相近项目，也可采用该方法，结合企业现状对传统定额进行调增或调减。如对于配合比用料，可采用换算法。

（四）理论计算法

理论计算法是根据施工图纸、施工规范及材料规格，用理论计算的方法求出定额中的理论消耗量，将理论消耗量加上合理的损耗，得出定额实际消耗的水平。实际的损耗量需要经过现场实际统计测算才能得出，所以理论计算法在编制定额时不能独立使用，只有与统计分析法（用来测算损耗率）相结合才能共同完成定额子目的编制。所以，理论计算法编制施工定额有一定的局限性。但这种方法也可以节约大量的人力、物力和时间。

以上四种方法各有优缺点，它们不是绝对独立的，实际工作过程中可以结合起来使用，互为补充、互为验证。企业应根据实际需要，确定适合自己的方法体系。

（五）造价软件法

造价软件法是使用计算机编制和维护企业定额的方法。由于计算机具有运行速度快、计算准确、能对工程造价和资料进行动态管理的优点。因此我们不仅可以利用工程造价软件和有关的数字建筑网站，快速准确地计算工程量、工程造价，而且能够查出各地的人工、材料价格，还能够通过企业长期的工程资料的积累形成企业定额。条件不成熟的企业可以考虑在保证数据安全的情况下与专业公司签订协议进行合作开发或委托开发。

以某专业工程造价软件为例，使用该专业软件公司的企业定额生成软件，可以很方便地制定企业定额。用户可以从多渠道生成和维护企业定额。该专业软件公司的企业定额生成方法有以下几种：

（1）以现有政府定额为基础，利用复制、拖动等功能快速生成为企业定额。在以后投标报价时，可以选择任何消耗量定额库或企业定额，作为投标报价的依据。

（2）按分包价测定定额水平，用水平系数对企业定额进行维护，并能做到分包判比，对分包价格按一定规则测定定额水平，并能分摊到人为确定的定额含量上。

（3）企业可以自行测算，以调整企业定额水平。这项工作在企业应用清单组价软件的过程中由计算机自动积累生成。

（4）企业定额生成器中可以把材料厂家的供应价、软件公司数字建筑网站的材料信息、材料管理软件中的企业制造成本的材料采购价、入库价等综合计算得到企业用于投标报价的综合材料价格库。并能自动对该库进行增、删、改、替等的维护。

（5）在使用专业软件公司清单组价软件的过程中，不但能多方案地组价，还可以不断积累每个清单项组价过程中的定额消耗量数据及组价数据，并能对每次的数据进行分析判比，形成按不同工艺的工艺包。根据判比结果，计算机可以对企业定额进行维护。当用户再次对该清单项目进行组价时，只需要调用企业定额内的工艺包，就可以把过去输入的组价数据及定额含量全部读入，该功能可以极大提高用户组价的工作效率，也是实行工程量清单计价规范后企业快速准确组价的主要手段。

专业软件公司的企业定额生成器采用量价分离的原则，这样便于企业维护，在维护定额含量时，不影响价格，在编制材料价格时不影响定额含量。企业定额作为企业的造价资源，为了资源的保密性做到了按权限管理，每个使用者按自己的权限进行工作。

三、企业定额的参考表式

企业实体消耗定额内容包括：总说明，册说明，每章节说明，工程量计算规则、分项工程工作内容，定额计量单位，定额代码，定额编号，定额名称，人工、材料、机械的编码、名称、消耗量及其市场价，定额标号等。表3-1～表3-4为某企业消耗定额表式。

砌块墙（10m³）　　　　　　　　　　　表3-1

工作内容：调运砂浆、铺砂浆、运砌块、砌砌块（包括墙体窗台虎头砖、腰线门窗套、安放木砖、铁件等）。

定额编号					3-16	3-17	3-18
项　目			单位	单价	水泥焦渣空心砖墙	硅酸盐砌块墙	加气混凝土砌块墙
预算价格			元	—	1374.34	1400.37	1821.70
其中	人工费		元	—	384.57	213.65	205.28
	材料费		元	—	975.63	1180.12	1605.11
	机械费		元	—	14.14	6.6	11.31
人工	R5	砖瓦工	工日	25.65	12.95	7.23	6.81
	R1	普通工	工日	20.00	2.62	1.41	1.53
材料	C166	水泥焦渣空心砖 390×190×190	千块	1267.00	0.559	—	—
	C1670	水泥焦渣空心砖 190×190×190	千块	617.00	0.114	—	—
	C1671	水泥焦渣空心砖 190×190×190	千块	292.00	0.043	—	—
	C1676	硅酸盐砌块 880×430×240	千块	11170.00	—	0.071	—
	C1675	硅酸盐砌块 580×430×240	千块	7360.00	—	0.020	—

续表

定额编号				3-16	3-17	3-18
项 目		单位	单价	水泥焦渣空心砖墙	硅酸盐砌块墙	加气混凝土砌块墙
材料	C1674	硅酸盐砌块 430×430×240	千块	5450.00	—	0.008	—
	C1673	硅酸盐砌块 430×430×240	千块	3550.00	—	0.024	—
	C2150	加气混凝土	m³	159.90	—	—	9.05
	C1661	机红砖 240×115×53	千块	109.02	0.400	0.400	0.405
	P231	混合砂浆 M5	m³	76.55	1.80	0.84	1.44
	C5734	工程用水	m³		1.12	1.14	1.32
机械	J303	砂浆搅拌机 200L	台班	47.13	0.30	0.14	0.24

现浇混凝土基础（10m³）　　　　　　　　表3-2

工作内容：混凝土水平运输、搅拌、浇捣、养护等。

定额编号				4-1	4-2	4-3	4-4	4-5
项 目		单位	单价	带形基础		独立基础		杯形基础
				毛石混凝土	混凝土	毛石混凝土	混凝土	
预算价格		元	—	1233.18	1346.57	1205.44	1443.19	1342.95
其中	人工费	元	—	142.95	160.27	147.22	155.33	153.97
	材料费	元	—	991.58	1071.54	965.86	1073.1	1074.22
	机械费	元	—	98.65	114.76	92.36	114.76	114.76
人工	R9	混凝土工	工日	23.15	4.30	4.91	4.45	4.74	4.69
	R1	普通工	工日	20.00	2.17	2.33	2.21	2.28	2.27
材料	P412	C15-40 碎石	m³	104.27	8.63	10.15	8.12	10.15	10.15
	C6294	草袋	m³	1.85	2.27	2.17	2.76	2.83	3.25
	C1725	片石（毛石）	m³	28.67	2.74	—	3.65	—	—
	C5734	工程用水	m³	2.75	3.26	3.34	3.43	3.46	3.59
机械	J282	混凝土搅拌机 400L	台班	93.11	0.27	0.31	0.25	0.31	0.31
	J499	混凝土振捣器（插入式）	台班	11.44	0.53	0.63	0.5	0.63	0.63
	J243	机动翻斗车	台班	102.2	0.66	0.77	0.62	0.77	0.77

现浇构件钢筋工程（t） 表3-3

工作内容：钢筋配制、绑扎、安装。

	定额编号				6-5	6-6	6-7	6-8
					现浇混凝土构件			
	项 目		单位	单价	圆钢筋（mm）			
					φ14	φ16	φ18	φ20
	预算价格		元		2554.23	2594.49	2482.12	2456.16
其中	人工费		元	—	191.05	190.50	176.05	159.75
	材料费		元		2309.04	2321.31	2234.34	2235.56
	机械费		元		54.14	82.68	71.73	60.85
人工	R17	钢筋工	工日	27.50	5.10	2.54	4.70	4.26
	R1	普通工	工日	20.00	2.54	5.08	2.34	2.13
材料	C4	圆钢14	kg	2.18	1050.00	—	—	—
	C5	圆钢16	kg	2.18	—	1050.00	—	—
	C6	圆钢18	kg	2.18	—	—	1010.00	—
	C7	圆钢20	kg	2.18	—	—	—	1010.00
	C323	镀锌钢丝0.7mm（22号）	kg	3.74	3.39	2.6	2.05	1.67
	C3295	电焊条/结422	kg	3.68	2.00	5.98	6.63	7.37
	C5734	工程用水	m³	2.75	—	0.21	0.17	0.14
机械	J320	钢筋调直机φ14	台班	38.88	0.21	0.17	—	—
	J321	钢筋切断机φ40	台班	39.52	0.11	0.11	0.11	0.11
	J322	钢筋弯曲机φ40	台班	23.99	0.42	0.42	0.35	0.35
	J425	直流电焊机功率30kW	台班	105.15	0.30	0.41	0.42	0.34
	J430	对焊机容量75kV·A	台班	123.51	—	0.15	0.12	0.10

整体面层及明沟（10m³） 表3-4

工作内容：清理基层、调运砂浆、刷素水泥浆、抹面、压光、养护。

	定额编号				9-23	9-24	9-25
					水泥砂浆		
	项 目		单位	单价	楼地面 20mm	加浆抹光 随捣随抹 5mm	楼梯20mm
	预算价格		元	—	706.07	301.38	2910.21
其中	人工费		元		254.64	136.06	1868.21
	材料费		元		435.41	161.08	998.17
	机械费		元		16.02	4.24	43.83
人工	R17	抹灰工	工日	28.75	4.53	2.27	51.11
	R1	普通工	工日	20.00	6.22	3.54	19.94

续表

定额编号				9-23	9-24	9-25
项 目			单位	单价	水泥砂浆	
					楼地面 20mm	加浆抹光 随捣随抹 5mm	楼梯 20mm
材料	P264	水泥砂浆1:3	m³	140.81	—	—	0.41
	P284	素水泥浆	m³	376.93	0.10	—	0.27
	P260	水泥砂浆1:2	m³	170.26	2.02	—	3.35
	P258	水泥沙浆1:1	m³	211.94	—	0.51	—
	P242	混合砂浆1:1:6	m³	79.52	—	—	0.80
	P244	混合砂浆1:3:9	m³	66.84	—	—	1.26
	P275	纸筋灰浆	m³	85.87	—	—	0.23
	C5734	工程用水	m³	2.75	4.76	4.47	7.38
	C6294	草袋	m³	1.85	22.00	22.00	31.79
	C6509	木脚手架板	m³	1350.00	—	—	0.016
机械	J303	砂浆搅拌机200L	台班	47.13	0.34	0.09	0.93

企业工期定额内容包括：总说明、建筑面积计算规范、每章节说明、工期计算规则、结构类型、计量单位、定额编号、项目名称、施工天数等。表3-5、表3-6为某企业工期定额表式。

±0.000m 以上住宅工程　　　　　　　　　　　　　　　表3-5

编号	结构类型	层数	建筑面积（m²）	施工天数（d）	
				总工期	其中：结构
1—29	砖混结构	1	500 以内	30	15
1—30			1000 以内	40	20
1—31			1000 以外	50	25
1—32		2	500 以内	45	20
1—33			1000 以内	55	25
1—34			2000 以内	65	25
1—35			2000 以外	80	40
1—36		3	1000 以内	70	30
1—37			2000 以内	75	35
1—38			3000 以内	85	40
1—39			3000 以外	100	50
1—40		4	2000 以内	90	40
1—41			3000 以内	95	45

续表

编号	结构类型	层数	建筑面积（m²）	施工天数（d）	
				总工期	其中：结构
1—42	砖混结构	4	5000 以内	105	55
1—43			5000 以外	120	65
1—44		5	3000 以内	115	50
1—45			5000 以内	135	60
1—46			5000 以外	150	65
1—47		6	3000 以内	150	50
1—48			5000 以内	165	60
1—49			7000 以内	180	70
1—50			7000 以外	200	80
1—51		7	3000 以内	165	60
1—52			5000 以内	180	65
1—53			7000 以内	200	75
1—54			7000 以外	210	85

±0.000m 以上综合楼工程　　　　表 3-6

编号	结构类型	层数	建筑面积（m²）	施工天数（d）	
				总工期	其中：结构
1—358	框架结构	18 层以下	15000 以内	330	120
1—359			20000 以内	340	135
1—360			25000 以内	350	150
1—361			30000 以内	370	170
1—362			30000 以外	390	190
1—363		20 层以下	15000 以内	360	125
1—364			20000 以内	370	140
1—365			25000 以内	390	155
1—366			30000 以内	410	175
1—367			30000 以外	430	200
1—368		22 层以下	15000 以内	390	135
1—369			20000 以内	400	150
1—370			25000 以内	415	170
1—371			30000 以内	430	190
1—372			30000 以外	460	210
1—373		24 层以下	20000 以内	420	160
1—374			25000 以内	440	180
1—375			30000 以内	470	210

续表

编号	结构类型	层数	建筑面积（m²）	施工天数（d）	
				总工期	其中：结构
1—376	框架结构	24层以下	30000 以外	500	240
1—377		26层以下	20000 以内	440	170
1—378			25000 以内	460	190
1—379			30000 以内	490	220
1—380			30000 以外	520	250

第三节　企业定额的编制实例

实例一：某企业定额 $\phi 8$ 钢筋制安工程项目编制实例

一、编制依据

（一）参考1985年《全国建筑安装工程统一劳动定额》及《全国建筑安装工程统一劳动定额编制说明》。

（二）参照1995年《全国统一建筑工程基础定额》有关资料。

（三）企业内部实测数据。

二、施工方法

（一）施工现场统一配料，集中加工，配套生产，流水作业。

（二）机械制作：系指在一个工地有调直机或卷扫机、切断机、弯曲机全部机械设备者。

1. 平直：采用调直机调直或卷扬机拉直（冷拉）。

2. 切断：采用切断机。

3. 弯曲：采用弯曲机。钢筋弯曲程度以弯曲钢筋占构建钢筋总量的60%为准。

（三）绑扎采用一般工具，手工操作。

（四）原材料及半成品的水平运输，用人力或双轮车搬运。机械垂直运输不分塔吊、机吊，半成品用人力和机械配合运输。

三、工作内容

（一）钢筋制作

1. 平直：包括取料、解捆、开拆、平直（调直、拉直）及钢筋必要的切断、分类堆放到指定地点及30m以内的原材料搬运等（不包括过磅）。

2. 切断：包括配料、划线、标号、堆放及操作地点的材料取放和清理钢筋头等。

3. 弯曲：包括放样、划线、弯曲、捆扎、标号、垫棱、堆放、覆盖以及操作地点30m以内材料和半成品的取放。

（二）钢筋制绑

1. 清理模板内杂物、木屑、烧、断铁丝。

2. 按设计要求绑扎成型并放入模内。捣制构件除混凝土另有规定外，均负责安放垫块等。

3. 捣制构件包括搭拆施工高度在 3.6m 以内的简单架子。

4. 地面 60m 的水平运输和取放半成品，捣制构件并包括人力一层和机械六层（或高 20m）以内的垂直运输，以及建筑物底层或楼层的全部水平运输。

四、工料机消耗量计算和有关说明

(一) 人工消耗量计算和说明

1. 除锈：按钢筋总重量的 25% 计算。除锈用工计算以劳动定额为基础综合计算，见表 3-7。

$\phi 8$ 钢筋除锈用工消耗量计算表　单位：t　　　　　表 3-7

施工工序名称	数量	劳动定额		工日数（工日）
		工种	时间定额	
$\phi 8$ 钢筋除锈	0.25	钢筋工	2.94	0.735

注：时间定额详见《全国建筑安装工程统一劳动定额编制说明》附录二。

2. 平直：按机械平直 100% 计算，用工详见《全国建筑安装工程统一劳动定额编制说明》附录一时间定额取定 1.19 工日/吨。

3. 钢筋切断用工计算以劳动定额为基础，按企业内部调查资料确定的综合权数综合计算见表 3-8。

现浇构件钢筋切断用工消耗量计算表　单位：t　　　　　表 3-8

钢筋直径	劳动定额	切断长度在（m）以内						综合取定
		1	2	3	4.5	6	9	
$\phi 8$	时间定额	0.704	0.528	0.433	0.376	0.380	0.316	0.525
	内部综合权数	20	50	15	10	3	2	

4. 现浇构件钢筋弯曲用工以劳动定额为基础，按企业内部调查资料确定的综合权数综合计算，见表 3-9。

现浇构件钢筋弯曲用工消耗量计算表　单位：t　　　　　表 3-9

钢筋直径	项目 弯头在 (2, 6, 8) 个以内		长度在（m 以内）					综合（一）	综合权数	综合
			1	2	3	4.5	6			
$\phi 8$	机械弯曲	2	时间定额	1.534	0.874	0.703	0.664	0.641	0.821	50	1.27
			内部综合权数	10	30	25	25	10			
		6	时间定额	2.988	1.81	1.62	1.408	1.405	1.671	40	
			内部综合权数	5	30	30	25	10			
		8	时间定额	4.228	2.532	2.11	1.762	1.688	1.946	10	
			内部综合权数		10	35	35	20			

5. $\phi 8$ 钢筋不同部位绑扎用工以劳动定额为基础，按企业内部调查资料确定的综合权数综合计算，见表 3-10。

φ8 钢筋绑扎用工消耗量计算表　单位：t　　表 3-10

施工工序名称	单位	数量	内部权数（%）	劳动定额			备注
				定额编号	工种	时间定额	工日
(1)	(2)	(3)	(4)	(5)	(6)	(7)	(8)=(3)×(4)×(7)
地面	t	1.0	5	9-2-37	钢筋	3.03	0.152
墙面	t	1.0	10	9-5-94	钢筋	6.25	0.625
电梯井、通风道等	t	1.0	5	9-5-102	钢筋	8.33	0.417
平板、屋面板（单向）	t	1.0	5	9-6-107	钢筋	4.35	0.218
平板、屋面板（双向）	t	1.0	8	9-6-110	钢筋	5.56	0.445
筒形薄板	t	1.0	2	9-6-114	钢筋	7.14	0.143
楼梯	t	1.0	35	9-7-120	钢筋	9.26	3.241
阳台、雨篷等	t	1.0	15	9-7-126	钢筋	12.30	1.845
拦板、扶手	t	1.0	3	9-7-129	钢筋	20.00	0.60
暖气沟等	t	1.0	2	9-7-131	钢筋	9.09	0.182
盥洗池、槽	t	1.0	3	9-7-140	钢筋	10.0	0.30
水箱	t	1.0	2	9-7-142	钢筋	6.25	0.125
化粪池	t	1.0	2	9-7-146	钢筋	7.46	0.149
墙压顶	t	1.0	3	9-7-149	钢筋	10.00	0.30
小计							8.742

6. 钢筋成品保护用工：经过实际测定，每吨钢筋取定 0.45 工日。

7. 定额项目人工消耗量计算，见表 3-11

定额项目人工消耗量计算表　计量单位：t　　表 3-11

章名称 __钢筋工程__ 节名称 __现浇构件__ 项目名称 __圆钢筋__ 子目名称 __φ8__

工作内容			钢筋除锈、制作、绑扎、安装			
操作方法质量要求						

	施工操作工序名称及工作量			用工计算	工种	时间定额	工日数
	名称	单位	数量				
	1	2	3	4	5	6	7=3×6
劳动力计算	除锈	t	0.25	详见表 3-7	钢筋	2.94	0.735
	平直	t	1.00	详见人工消耗计算和说明 2	钢筋	1.19	1.19
	切断	t	1.00	详见表 3-8	钢筋	0.525	0.525
	弯曲	t	1.00	详见表 3-9	钢筋	1.24	1.27
	绑扎	t	1.00	详见表 3-10	钢筋	9.268	8.742
	成品保护用工	t	1.00	详见人工消耗计算和说明 6	钢筋	0.45	0.45
				小计			12.912
人工幅度差 10%			1.29		合计		14.2

年　月　日　　复核者　　　计算者

注：最终计算结果保留 2 位小数。

（二）材料消耗量计算和说明

1. 钢筋绑扎用量的计算

（1）材料：22号铁丝。

（2）依据企业内部多项工程测算综合取定铁丝用量156.28kg。

（3）钢筋绑扎铁丝长度为220mm/根。见表3-12

钢筋绑扎用22号铁丝计算表　单位：t　　　　　　　　　　　表3-12

钢筋规格	综合取定钢筋重量（t）	22号铁丝（kg）总用量	每t钢筋用22号铁丝（kg）
$\phi 8$	17.75	156.28	8.8

2. 钢筋用量的计算：根据图纸计算出净用量的基础上，结合企业内部多项工程的实测数据，增加1.5%的损耗为企业定额材料消耗用量。

3. 定额项目材料消耗量计算，见表3-13

定额项目材料计算表　计量单位：t　　　　　　　　　　　表3-13

	计算依据或说明					
	名称	规格	单位	计算量	损耗率%	使用量
主要材料	圆钢筋	$\phi 8$	t	1.0	1.5	1.015
	镀锌铁丝	22号	kg			8.8
年　月　日			复核者		计算者	

（三）机械台班消耗量计算和说明

1. 有关数据

调直机、切断机、弯曲机机械台班使用量 = 1t钢筋×(1÷钢筋制作每工产量×小组成员人数)

小组成员人数取定：

平直：调直机　3人

切断：切断机　3人（切断长度6m）

弯曲：弯曲机　2人

2. 钢筋平直机械台班使用量计算以劳动定额为基础计算，见表3-14。

单位：t　　　　　　　　　　　表3-14

预算定额	劳动定额					
钢筋直径	定额编号	单位	每工产量	小组人数	台班产量	台班使用量计算（台班）
$\phi 8$	9-17-308（一）	t	0.84	3	2.52	1/2.52 = 0.40

3. 钢筋切断机械台班使用量以劳动定额为基础计算，见表3-15。

单位：t　　　　　　　　　　　　　　　　　　　　　表3-15

预算定额	劳动定额				
钢筋直径	定额编号	单位	每工产量	小组人数	台班产量	台班使用量计算（台班）
φ8	9-17-308（二）	t	1.54	3	4.62	1/4.62＝0.22

4. 钢筋弯曲机械台班使用量以劳动定额为基础计算，见表3-16。

单位：t　　　　　　　　　　　　　　　　　　　　　表3-16

预算定额	劳动定额				
钢筋直径	定额编号	单位	每工产量	小组人数	台班产量	台班使用量计算（台班）
φ8	9-17-308（三）	t	1	2	2	1/2×60％＝0.3

注：φ8机械弯曲比例按60％计算。

定额项目机械台班消耗量计算表　计量单位：t　　　　　表3-17

工程内容						
机械台班计算	施工操作			机械名称	台班用量计算	机械使用量（台班）
	工序	数量	单位			
	1	2	3	4	5	6
	钢筋调直	1.0	t	调直机	表3-14	0.40
	钢筋切断	1.0	t	切断机	表3-15	0.22
	钢筋弯曲	1.0	t	弯曲机	表3-16	0.30
备注						
年　月　日			复核者		计算者	

综上所述，现浇构件φ8钢筋工程工料机消耗量定额见表3-18。

钢筋工程　计量单位：t　　　　　　　　　　　　　　　表3-18

工作内容：钢筋配制、绑扎、安装。

定额编号			6—2
项目		单位	单价	现浇混凝土构件
				圆钢筋（mm）
				φ8
预算价格		元		
其中	人工费	元		
	材料费	元		
	机械费	元		
人工	钢筋工	工日		14.2

续表

定额编号			6—2
项　　目	单位	单价	现浇混凝土构件
			圆钢筋（mm）
			φ8
材料　圆钢 φ8	kg		1015
镀锌铁丝（22号）	kg		8.80
机械　钢筋调直机	台班		0.40
钢筋切断机	台班		0.22
钢筋弯曲机	台班		0.30

注：上述消耗量定额中的人工、材料、机械单价以当期市场价计入，合成当期企业定额单价。

实例二、某企业定额15m以下单排外脚手架编制实例

一、编制依据

（一）根据2001年中华人民共和国行业标准《建筑施工扣件式钢管脚手架安全技术规范（JGJ130–2001）》。

（二）根据项目提供的调查资料及有关施工组织设计方案。

（三）根据《全国统一建筑工程基础定额》有关资料。

（四）参考1985年《全国建筑安装工程统一劳动定额》。

二、15m以下单排外脚手架计算的有关规定

（一）脚手架使用材料寿命期表，见表3-19

脚手架使用材料寿命期表　　　　　　　　　　　表3-19

名称	规格	使用寿命（月）	名称	规格	使用寿命（月）
钢管	φ48×3.5	180	木脚手板		42
扣件		120	安全网		1次
底座		80	绑扎材料		1次

注：使用寿命由企业结合自身情况规定。

（二）材料损耗率，见表3-20

材料损耗率　　　　　　　　　　　表3-20

序号	材料名称	损耗率%	序号	材料名称	损耗率%
1	钢管	4	4	木制品	1
2	8号铅丝	2	5	缆风绳（钢缆）	5
3	φ12压头钢筋	2	6	铁钉	2

注：材料损耗率由企业结合自身情况规定。压头钢筋指固定脚手片的上压钢筋。

（三）脚手架使用残值率，见表 3-21

脚手架使用残值率　　　　表 3-21

序号	材料名称	残值率%	序号	材料名称	残值率%
1	钢管	10	4	底座	5
2	扣件	5	5	8号铅丝	10
3	φ12压头钢筋	10	6		

注：材料使用残值率由企业结合自身情况规定。

三、工料机消耗量计算的有关数据和说明
（一）人工消耗量有关数据和说明
定额人工用量以劳动定额为基础
1. 人工幅度差按企业内部测定取 12%。
2. 每 $100m^2$ 15m 以下的单排外脚手架操作工序工作量按劳动定额计算用工：
①搭拆架子、翻板子每 $100m^2$ 脚手架换算成劳动定额计量单位 10m（水平延米）：
$$100m^2 \div 架高 = 水平延米$$
依据本实例第四部分的平面图及构造说明：脚手架高度 = 步数×步高 + 1.5（立杆超出长度）= 10 步×1.3m + 1.5m = 14.5m，故 $100m^2$ 脚手架水平延米为：$100m^2 \div 14.5m = 6.9m = 0.69$（10m）

搭拆架子、翻板子用工计算表　　　　表 3-22

施工工序	单位	数量	劳动定额编号	时间定额	工日数
搭、拆架子及翻板子	10m	0.69	3-1-54	4.92	3.395

②取定每 70m 设一座上料平台，每 $100m^2$ 脚手架上料平台（座）为：
$$100m^2 \div (70m \times 13m) = 0.11(座)。$$

搭、拆上料平台用工计算表　　　　表 3-23

施工工序	单位	数量	劳动定额编号	时间定额	工日数
搭、拆上料平台	座	0.11	3-12-180	10.7	1.177

③ 100^2 外脚手架水平延米为 6.9m，15m 以内外脚手架垂直方向共 10 步。则：护身栏杆水平延米为 6.9m×10 步 = 69m = 0.69（100m）（劳动定额水平延米的计量单位为 100m）

搭、拆护身栏杆用工计算表　　　　表 3-24

施工工序	单位	数量	劳动定额编号	时间定额	工日数
搭、拆护身栏杆	100m	0.69	3-1-P48 注2	0.8	0.55

④装卸工按汽车每台班配备4人计算。

装卸工用工 = 0.109 台班 × 4 人 = 0.436 工日

注：汽车台班用量详见机械台班使用量计算有关数据和说明第4条。

⑤钢管刷油用工量计算：根据全国统一基础定额油漆15年共刷16次。

A. 第一年刷防锈漆和调和漆各一遍，按劳动定额§12-8-152（一）计1.09工日。

B. 第二年起每年刷1遍调和漆，按劳动定额§12-8-152（四）计：

14（年）× 0.436t/工日 = 6.104 工日/t。

C. 每吨每年摊销工日 = (1.09 + 6.104) ÷ 15 年 = 0.48 工日/t·年。

D. 每100m² 脚手架钢管及扣件总用量 = 1424.91 + 150.6 套 × 1.25kg/套 + 29.03 套 × 1.5kg/套 + 12.08 套 × 1.5kg/套 + 5.81 套 × 3kg/套 = 1692.26kg = 1.692t（材料用量详见表3-26）

钢管刷油（含扣件）用工数 = 使用量（t）×（占用期÷12）× 0.48 工日/t·年 = 1.692t × 6月 ÷ 12月 × 0.48 工日/t·年 = 0.406 工日

注：15m以下外脚手架一次占用期按6个月考虑。

人工消耗量计算见表3-25。

定额项目人工消耗量计算表　计量单位：100m²　表3-25

章名称　脚手架工程　节名称 外脚手架　项目名称 钢管架　子目名称 单排高度15m以下

工程内容	平土、挖坑、安底座，打缆风桩、拉缆风绳，场内外材料运输，搭设、拆除脚手架、上料平台，上下翻板子，挡脚板，护身栏杆，以及拆除后的材料堆放整理。		
	施工操作工序名称	用工计算	用工数（工日）
	1	2	3
劳动力计算	搭、拆架子及翻板子	详见表3-22	3.395
	搭、拆上料平台	详见表3-23	1.177
	绑、拆护身栏杆	详见表3-24	0.55
	材料场外运输	详见人工消耗量有关数据和说明第④条	0.436
	钢管（含扣件）油漆	详见人工消耗量有关数据和说明第⑤条	0.406
	小　计		5.964
人工幅度差12%	0.716	合计	6.68
年　月　日		复核者	计算者

注：最终计算结果保留两位小数。

（二）定额材料消耗量有关数据和说明

1. ϕ48 钢管、直角扣件、对接扣件、回转扣件、底座均按一次使用量计入，计价时执行租赁价。

即：租赁价 = 一次使用量 × 一次占用期 × 租赁单价 元/t·天（或元/套·天）。

2. 木脚手板、木挡脚板、缆风桩、垫木按周转30次计，不考虑残值。

3. 钢管、扣件、铅丝、铁钉等按一次使用量计，在套用企业定额计价时按表3-21考虑残值。

4. $\phi12$ 的压头钢筋按周转 15 次考虑。

5. 缆风绳按周转 10 次考虑。

6. 定额材料消耗量具体计算详见第四部分。

（三）机械台班使用量计算有关数据和说明

1. 场外运输费：钢管、扣件、脚手板、脚手杆考虑周转后均按一次使用量的 70% 计算场外运输。

2. 运输采用 6t 载重汽车，取定台班产量 13.66t。

3. 材料理论重量：钢管 $\phi48 \times 3.5$，3.84kg/m；直角扣件每套 1.25kg；对接扣件每套 1.5kg；回转扣件每套 1.5kg；底座每套 3kg；木材 600kg/m³ 计算。

4. 每 100m² 外脚手架材料总重量 = 1424.91kg + 150.6 套 × 1.25kg/套 + 29.03 套 × 1.5kg/套 + 12.08 套 × 1.5kg/套 + 5.81 套 × 3kg/套 + 0.606m³ × 600Kg/m³ + 0.055 × 600kg/m³ + 0.037 × 600kg/m³ + 0.032 × 600kg/m³ = 2130.26kg = 2.13t（各项材料用量详见表 3-26）

则载重汽车台班用量 = 2.13t × 70% ÷ 13.66t = 0.109 台班

四、15m 以下外脚手架搭设图示及材料用量计算

（一）脚手架部分

1. 取定高度 13m，平面布置如图 3-1 所示

服务面积：（50 + 15）× 2 × 13 = 1690m²

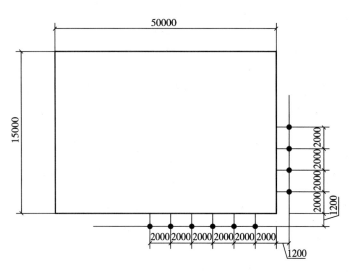

图 3-1 平面布置

2. 脚手架构造（如上图 3-1、图 3-2、图 3-3）：

步距 1.3m，距墙 1.2m，柱距 2.0m，连墙点采用刚性连接，每 3 步 3 跨设一点；横向水平杆入墙内 200mm，每根外伸 200mm，从上到下短边各设一道，长边各设三道共 8 道剪刀撑（每隔 10m 设 1 付，每付跨 5 跨 10 步）。

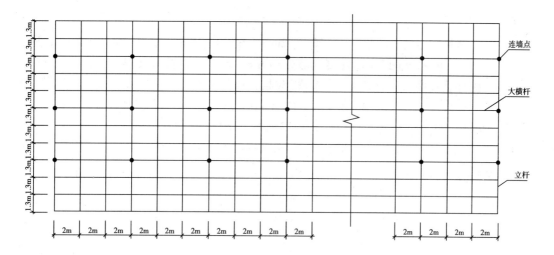

15m以下外脚手架连墙点设置示意图（每三步三跨设一点）

图 3-2　连墙点设置示意图

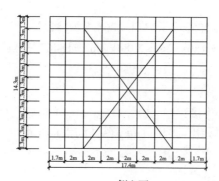

侧立面

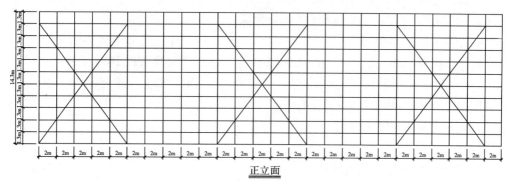

正立面

15m以下外脚手架剪刀撑设置示意图
（长向每隔10m设1付，每付跨5跨10步。短向设1付，每付跨5跨10步）

图 3-3　剪刀撑设置示意图

3. 杆件计算

(1)立杆总长度:4 根(四角)+〔(50m÷2m+1 根)+(15m÷2m+1 根)〕×2=74 根

74 根×(13+1.5(高出部分))m=74 根×14.5m=1073m

(2)大横杆总长度:13÷1.3+1=11 步(包括扫地杆)

11 步×〔(52.4+0.4)+(17.4+0.4)〕m×2 边=1553.2m

(3)小横杆(74-4)×11=770 根,操作层加密 70 根,770+70=840 根

840 根×(1.2+0.4)m=1344m。

(4)剪刀撑:每付长度 2 根×($\sqrt{(5 跨×2m)^2+(10 步×1.3m)^2}$+0.4m)=33.6m/付

8 付×33.6m/付=268.8m。

(5)防护栏杆为操作层设置一层,按大横杆一步长度计 141.2m。

(6)连墙点高 10 步÷3 步=3(排)

水平长度单边长向:50÷(2m×3 跨)=8.3 取 8 列

水平长度单边短向:15÷(2m×3 跨)=2.5 取 3 列

周边应设(8 列+3 列)×2 边+4 角=26 列

连墙点用量:3 排×26 列×5.5m/点=429m。

注:每点用量取定 5.5m。

合计:杆件总长度=1073+1553.2+1344+268.8+141.2+429=4809.2m

重量=4809.2m×3.84kg/m=18467.33kg

4. 扣件

(1)直角扣角

立杆与大横杆、防护栏杆连接:74 根×〔11(步)+1(防护栏杆)〕=888(套)

大横杆与小横杆连接:〔74 根-4 根(角)〕×11 层+70 根(操作层加密)=840 套

连接点:3 排×26 列=78 点

78 点×4 套/点=312 套

直角扣角合计:888+840+312=2040 套

(2)对接扣件(注:钢管按每根 6m 长计算)

立杆:74×2 套=148 套   每个立杆 2 个接头

大横杆、护身栏杆:(11+1)步×20=240 套   每层横杆取 20 个接头

剪刀撑:8 付×2 根/付×2=32 套   每次根取 2 个接头

对接扣件合计:148+240+32=420 套

(3)回转扣件:8 付×13 套/付=104 套   每付用 13 套

(4)底座:74 套

5. 脚手板(按满铺一层考虑)

(52.4+15)m×2 边×1.2m×0.05m=8.088m³

每块架板的体积:4m×0.3m×0.05m=0.06m³

脚手板块数:8.088m³÷0.06m³/块=135 块

挡脚板:(52.4+17.4) m×2 边×0.18m×0.03m=0.754m³

每块挡脚板的体积:3m×0.18m×0.03m=0.0162m³

挡脚板的块数 = 0.754m³ ÷ 0.0162m³/块 = 47 块

垫木（连墙点）：规格 200mm×100mm×100mm

78 点 ×4 块/点 ×0.1m×0.2m×0.1m = 0.624m³

6. 8 号铅丝（注：每绑一块架板用 2m 长铅丝）

10 步 ×135 块（架板）×2m/块 = 2700m　　按 10 次翻板

10 步 ×47 块（挡脚板）×2m/块 = 940m　　按 10 次翻板

　　　　　　　（2700m + 940m）×0.0986kg/m = 359kg

7. 挡脚板使用铁钉：10 步 ×47 块 ×4 颗 ÷279 颗/kg = 6.74kg

8. φ12 压头钢筋：135 块（架板）×0.96m×0.888kg/m = 115.08kg

每块脚手板取压头钢筋 0.96m

9. 综上述，每 100m² 外脚手架材料取定如下：

　　　　　φ48×3.5 钢管：18467.33 ÷1690m² ×100m² = 1092.74kg

直角扣件：2040 ÷1690m² ×100m² = 120.71 套

对接扣件：420 ÷1690m² ×100m² = 24.85 套

回转扣件：104 ÷1690m² ×100m² = 6.15 套

底座：74 ÷1690m² ×100m² = 4.38 套

脚手板：8.088 ÷1690m² ×100m² = 0.479m³

挡脚板：0.754 ÷1690m² ×100m² = 0.045m³

垫木：0.624 ÷1690m² ×100m² = 0.037m³

8 号铅丝：359 ÷1690m² ×100m² = 21.24kg

铁钉：6.74 ÷1690m² ×100m² = 0.40kg

φ12 钢筋：115.08 ÷1690m² ×100m² = 6.809kg

（二）上料平台部分

上料平台示意图如图 3-4 所示。

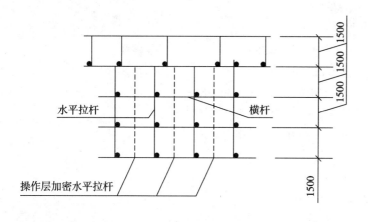
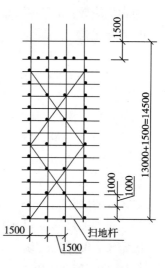

图 3-4　上料平台示意图

服务面积：70m×13m=910m²

1. 杆件计算：如图

（1）立杆：13根×(14.5m+0.5m)=195m（0.5m为高出外架部分）

（2）水平护栏：(4根/层×14)×4.9m/根=274.4m。

（3）水平拉杆：8×2×4.9m=78.4m

操作层加密：3根×4.9m/根=14.7m

（4）剪刀撑长度：每付2×($\sqrt{4.5^2+6^2}$+0.4)=15.8m

3边×2层=6付，6付×15.8m/付=94.8m

合计：杆件总长度=195+274.4+78.4+14.7+94.8=657.3m

重量=657.3m×3.84m/kg=2524.03kg

2. 扣件

（1）直角扣件

立杆与水平护栏(4根×14)×4套=224套

立杆与水平拉杆(8层×2×3)=48套

直角扣件合计：224+48=272套

（2）对接扣件

立杆：13×2(个)=26套　　　　每根取2个接头

剪刀撑：6付×2根/付×1(个)=12套　每付取1个接头

对接扣件合计：26+12=38套

（3）回转扣件：6付×9套/付=54套（每付用9套）

（4）底座13套

3. 脚手板按一层满铺：4.9m×4.5m×0.05m=1.103m³

脚手板块数1.103÷0.06=18块

挡脚板：4.9m×3边×0.18m×0.03m=0.0794m³

挡脚板块数：0.0794÷0.0162=5块

4. 8号铅丝

18块(架板)×8次×2m/块=288m　　　共翻板8次

5块(架板)×8次×2m/块=80m　　　共翻板8次

368m×0.0986kg/m=36.28kg

5. 铁钉：8次×5块(挡脚板)×4颗÷279颗/kg=0.57kg

6. φ12压头钢筋：18×0.96m×0.888kg/m=15.34kg

7. 缆风绳：两外角各设一道φ8缆风绳，45°角

缆风绳：$((14^2+14^2)^{1/2}+2m)$×2根=43.6m

43.6m×0.395kg/m=17.22kg

缆风桩：0.113m³/根×2=0.226m³　　每根取定0.113m³

固定木：0.032m³/块×2=0.064m³　　每块取定0.032m³

合计：0.226+0.064=0.29m³

8. 每100m²脚手架上料平台材料取定如下：

$\phi 48 \times 3.5$ 钢管：$2524.03 \text{kg} \div 910 \text{m}^2 \times 100 \text{m}^2 = 277.37 \text{kg}$

直角扣角：$272 \text{套} \div 910 \text{m}^2 \times 100 \text{m}^2 = 29.89 \text{套}$

对接扣角：$38 \text{套} \div 910 \text{m}^2 \times 100 \text{m}^2 = 4.18 \text{套}$

回转扣角：$54 \text{套} \div 910 \text{m}^2 \times 100 \text{m}^2 = 5.93 \text{套}$

底座：$13 \text{套} \div 910 \text{m}^2 \times 100 \text{m}^2 = 1.43 \text{套}$

脚手板：$1.103 \text{m}^3 \div 910 \text{m}^2 \times 100 \text{m}^2 = 0.121 \text{m}^3$

挡脚板：$0.0794 \text{m}^3 \div 910 \text{m}^2 \times 100 \text{m}^2 = 0.009 \text{m}^3$

8号铅丝：$36.28 \text{kg} \div 910 \text{m}^2 \times 100 \text{m}^2 = 3.99 \text{kg}$

铁钉：$0.57 \text{kg} \div 910 \text{m}^2 \times 100 \text{m}^2 = 0.06 \text{kg}$

缆风绳：$17.22 \text{kg} \div 910 \text{m}^2 \times 100 \text{m}^2 = 1.892 \text{kg}$

缆风桩固定木：$0.29 \text{m}^3 \div 910 \text{m}^2 \times 100 \text{m}^2 = 0.032 \text{m}^3$

$\phi 12$ 压头钢筋：$15.34 \text{kg} \div 910 \text{m}^2 \times 100 \text{m}^2 = 1.69 \text{kg}$

15m 以内单排脚手架每 100m^2 材料消耗量计算，见表 3-26

定额项目材料消耗量计算表　计量单位：100m^2　　表 3-26

章名称：__脚手架工程__　节名称：__外脚手架__　项目名称：__钢管架__　子目名称：__单排高度15m以下__

项目		一次使用量	单位	损耗率（%）	合计	项目		一次使用量	单位	损耗率（%）	合计
$\phi 48$ 钢管	架子	1092.74	kg	4	1424.91	垫木	架子	0.037	m^3	1	0.037
	平台	277.37	kg				平台				
直角扣件	架子	120.71	套		105.6	8号铅丝	架子	21.24	kg	2	25.37
	平台	29.89	套				平台	3.99			
对接扣件	架子	24.85	套		29.03	铁钉	架子	0.4	kg	2	0.47
	平台	4.18	套				平台	0.06			
回转扣件	架子	6.15	套		12.08	$\phi 12$ 钢筋	架子	6.809	kg	2	8.67
	平台	5.93	套				平台	1.69			
底座	架子	4.38	套		5.81	$\phi 8$ 缆风绳	架子		kg	5	1.99
	平台	1.43	套				平台	1.892			
木脚手板	架子	0.479	m^3	1	0.606	缆风桩	架子		m^3	1	0.032
	平台	0.121	m^3				平台	0.032			
木挡脚板	架子	0.045	m^3	1	0.055						
	平台	0.009	m^3								

　年　月　日　　　　　　　　　　复核者　　　　　　　　　　　计算者

综上所述，15m 以下单排外脚手架工程工料机消耗量定额见表 3-27。

外脚手架（单位：100m²）　　　　　　表 3-27

工作内容：平土、打垫层、铺垫木、安底座，打缆风桩、拉缆风绳，场内材料运输，搭设脚手架、上料平台、上下翻板子、挡脚板、护身栏杆、扫地杆和拆除后材料的整理堆放。

定额编号				2-1
项　目		单　位	单　价	单排钢管架 高度在（m）以下 15
预算价格		元		
其中	人工费	元		
	材料费	元		
	机械费	元		
人工	架子工	工日		6.61
材料	钢管 $\phi 48 \times 3.5$	t		(1.425)
	直角扣件 40mm	套		(150.6)
	对接扣件 40mm	套		(29.03)
	旋转扣件 40mm	套		(12.08)
	可调托座 400 型	套		(5.81)
	脚手架板锯材	m³		(0.661)
	其他锯材	m³		0.069
	镀锌铁丝 4mm（8号）	kg		25.37
	圆钉 60mm	kg		0.47
	圆钢 GB702-86 $\phi 12$	kg		8.67
	圆钢 GB702-86 $\phi 8$	kg		1.99
机械	6t 载重汽车	台班		0.11

注：上述消耗量定额中的人工、材料、机械单价或租赁价以当期市场价计入，合成当期企业定额单价。

思 考 题

1. 什么是企业定额？它有哪些特点？
2. 企业定额有哪些作用？
3. 企业定额的编制原则有哪些？
4. 企业定额的编制依据有哪些？
5. 试述企业定额的编制步骤。
6. 试述企业定额的编制方法。

第四章 建筑安装工程人工、材料、机械台班单价的确定方法

第一节 人工单价的组成和确定方法

一、人工单价及其组成内容

1. 人工单价定义

人工单价是指一定技术等级的建筑安装工人一个工作日在计价时应计入的全部人工费用。

2. 人工单价组成内容

人工工日单价反映了一定技术等级的建筑安装生产工人在一个工作日中可以得到的报酬，一般组成如下：

（1）生产工人基本工资

是指发给直接从事生产的工人的基本工资。包括岗位工资、技能工资、年终工资等。

（2）生产工人工资性补贴

是指为了补偿工人额外或特殊的劳动消耗及为了保证工人的工资水平不受特殊条件影响，而以补贴形式支付给工人的劳动报酬。它包括按规定标准发放的煤、燃气补贴、交通费补贴、流动施工津贴、住房补贴、工资附加、地区津贴、物价补贴等。

（3）生产工人辅助工资

是指生产工人年有效施工天数以外非作业天数的工资。包括职工在职学习、培训期间的工资，调动工作、探亲、法定休假期间的工资，女工哺乳期间的工资，民兵训练期间工资，病假在6个月以内的工资及产、婚、丧期间工资，因气候影响的停工工资等。

（4）职工福利费

指按规定标准计提的职工福利费。包括生产工人的书报费、洗理费、取暖费等。

（5）生产工人劳动保护费

是指按规定标准发放的劳动保护用品的购置费及修理费，徒工服装补贴，防暑降温费，在有害环境下施工的保健费用等。

二、人工单价的确定方法

1. 生产工人基本工资（G_1）

$$基本工资(G_1) = \frac{生产工人平均月工资}{年平均每月法定工作日}$$

式中 年平均每月法定工作日 =（全年日历日 − 法定假日）÷12

2. 生产工人工资性补贴（G_2）

$$工资性补贴(G_2) = \frac{\sum 月发放标准}{年平均每月法定工作日} + \frac{\sum 年发放标准}{全年日历日 - 法定假日} + 每工作日发放标准$$

式中　法定假日指双休日和法定节日。

3. 生产工人辅助工资（G_3）

$$生产工人辅助工资(G_3) = \frac{全年无效工作日 \times (G_1 + G_2)}{全年日历日 - 法定假日}$$

4. 职工福利费（G_4）

$$职工福利费(G_4) = (G_1 + G_2 + G_3) \times 福利费计提比例(\%)$$

5. 生产工人劳动保护费（G_5）

$$生产工人劳动保护费(G_5) = \frac{生产工人年平均支出劳动保护费}{全年日历日 - 法定假日}$$

即

$$人工日工资单价(G) = \sum_{i=1}^{5} G_i = G_1 + G_2 + G_3 + G_4 + G_5$$

例 4-1　某地区建筑企业生产工人基本工资 16 元/工日，工资性补贴 8 元/工日，生产工人辅助工资 4 元/工日，生产工人劳动保护费 1.5 元/工日，职工福利费按 2% 比例计提。求该地区人工日工资单价。

解　人工日工资单价(G) = 基本工资(G_1) + 工资性补贴(G_2) + 生产工人辅助工资(G_3) + 职工福利费(G_4) + 生产工人劳动保护费(G_5)

职工福利费(G_4) = ($G_1 + G_2 + G_3$) × 福利费率
　　　　　　　　= (16 + 8 + 4) × 2%
　　　　　　　　= 0.56 元/工日

人工日工资单价 = 16 + 8 + 4 + 0.56 + 1.5 = 30.06 元/工日

三、影响人工单价的因素

影响建筑安装工人人工单价的因素很多，归纳起来有以下方面：

（1）社会平均工资水平。建筑安装工人人工单价必然和社会平均水平趋同，社会平均工资水平取决于经济发展水平，由于我国改革开放以来经济迅速增长，社会平均工资也有大幅增长，从而影响人工单价的大幅提高。

（2）生活消费指数。生活消费指数的提高会影响人工单价的提高，以减少生活水平的下降，或维持原来的生活水平。生活消费指数的变动决定于物价的变动，尤其决定于生活消费品物价的变动。

（3）人工单价的组成内容。例如住房消费、养老保险、医疗保险、失业保险费等列入人工单价，会使人工单价提高。

（4）劳动力市场供需变化。在劳动力市场如果需求大于供给，人工单价就会提高；供给大于需求，市场竞争激烈，人工单价就会下降。

（5）政府推行的社会保障和福利政策也会影响人工单价的变动。

第二节　材料价格的组成和确定方法

一、材料价格及其组成内容

1. 材料价格定义

材料价格是指材料（包括构件、成品或半成品）从其来源地（或交货地点）到达施工现场工地仓库后出库的综合平均价格。

2. 材料价格的组成内容

材料价格一般由以下四项费用组成：

（1）材料供应价。材料供应价也就是材料的进价。一般包括货价和供销部门手续费两部分，它是材料价格组成部分中最重要的部分。

（2）材料运杂费。材料运杂费是指材料由来源地（或交货地点）至施工仓库地点运输过程中发生的全部费用。它包括车船运输费、调车和驳船费、装卸费、过境过桥费和附加工作费等。

（3）运输损耗费。运输损耗是指材料在装卸和运输过程中所发生的合理损耗。

（4）采购及保管费。采购及保管费是指为组织材料采购、供应和保管过程中需要支付的各项费用。它包括采购及保管部门人员工资和管理费、工地材料仓库的保管费、货物过秤费及材料在运输和储存中的损耗费用等。

以上四项费用和即为材料预算价格。其计算公式如下：

$$材料价格 = (供应价格 + 运杂费) \times (1 + 运输损耗率)$$
$$\times (1 + 采购及保管费率) - 包装品回收价值$$

二、材料价格的确定方法

1. 材料供应价的确定方法

材料供应价包括材料原价和供销部门手续费两部分。

（1）材料原价的确定。材料原价一般是指材料的出厂价或交货地价格或市场批发价，进口材料抵岸价。

同一种材料因产地、生产厂家、交货地点或供应单价不同而出现几种原价时，可根据材料不同来源地、供货数量比例，采用加权平均方法确定其原价。其计算公式如下：

$$G = \sum_{i=1}^{n} G_i f_i$$

式中　G——加权平均原价；

　　　G_i——某 i 来源地（或交货地）原价；

　　　f_i——某 i 来源地（或交货地）数量占总材料数量的百分比，即：

$$f_i = \frac{W_i}{W_总} \times 100\%$$

式中　W_i——某 i 来源地（或交货地）材料的数量；

$W_总$——材料总数量。

例 4-2 某建筑工程需要二级螺纹钢材,由三家钢材厂供应,其中:甲厂供应 900t,出厂价 3900 元/t;乙厂供应 1200t,出厂价为 4000 元/t;丙厂供应 400t,出厂价 3800 元/t。试求:本工程螺纹钢材的原价。

解
$$W_总 = 900 + 1200 + 400 = 2500t$$

$$f_甲 = \frac{W_甲}{W_总} \times 100\% = 36\%$$

$$f_乙 = \frac{W_乙}{W_总} \times 100\% = 48\%$$

$$f_丙 = \frac{W_丙}{W_总} \times 100\% = 16\%$$

该工程螺纹钢的原价 = 3900 × 36% + 4000 × 48% + 3800 × 16% = 3932 元/t

(2)供销部门手续费的确定。供销部门手续费,是指材料不能直接向生产厂家采购、订货而必须经过当地物资部门或供销部门供应时发生的经营管理费。

其计算公式如下:

供销部门手续费 = 材料原价 × 供销部门手续费率

如果此项费用已包括在供销部门供应的材料原价时,则不应再计算。

材料供应价 = 材料原价 + 供销部门手续费

2. 材料运杂费的确定

材料运杂费用应按国家有关部门和地方政府交通运输部门的规定计算。材料运杂费的大小与运输工具、运输距离、材料装载率、经仓比等因素都有直接关系。

材料运杂费用,一般按外埠运杂费和市内运杂费两种计算:

(1)外埠运杂费

外埠运杂费是指材料从来源地(或交货地)至本市中心仓库或货站的全部费用。包括:调车(驳般)费、运输费、装卸费、过桥过境费、入库费以及附加工作费。

(2)市内运杂费

市内运杂费是指材料从本市中心仓库或货站运至施工工地仓库的全部费用。包括:出库费、装卸费和运输费等。

同一品种的材料如有若干个来源地,其运杂费根据每个来源地的运输里程、运输方法和运输标准,用加权平均的方法计算运杂费。

即
$$加权平均运杂费 = \frac{W_1T_1 + W_2T_2 + \cdots + W_nT_n}{W_1 + W_2 + \cdots + W_n}$$

式中 $W_1, W_2, \cdots, W_n$——各不同供应点的供应量或各不同使用地点的需要量;

$T_1, T_2, \cdots, T_n$——各不同运距的运杂费。

注意:在运杂费中需要考虑为了便于材料运输和保护而发生的包装费。

材料包装费,包括水运和陆运的支撑立柱、篷布、包装袋、包装箱、绑扎等费用。材料运到现场或使用后,要对包装品进行回收,回收价值要冲减材料价格。包装费计算通常有两种情况:

(1) 材料出厂时已经包装的（如袋装水泥、玻璃、钢钉、油漆等），这些材料的包装费一般已计入材料原价内，不再另行计算。但包装材料回收值，应从包装费中予以扣除。计算公式如下：

$$包装材料回收值 = \frac{包装材料原价 \times 回收量比例 \times 回收折价率}{包装器标准容量}$$

包装材料的回收量比例及回收折价率，一般由地区主管部门制定标准执行。若地区无规定，可按实际情况，参照表4-1。

包装品回收标准　　　　　　　　　　　　　　　表4-1

包装材料名称		回收率（%）	回收价值率（%）	残值回收率（%）
木桶、木箱		70	20	5
木杆		70	20	3
竹制品		—	—	10
铁制品	铁桶	95	50	3
	铁皮	50	50	—
	铁丝	20	50	—
纸袋、纤维袋		50	50	—
麻袋		60	50	—
玻璃陶瓷制品		30	60	—

例 4-3 某工程所用木材，采用铁路运输方式，在运输过程中，每个车皮可装木材料 $30m^3$，每个车皮需要用包装用的车柱10根，每根8元，铁丝10kg，每5元/kg。试求每立方米木材料的包装费。

解　　　　每立方米木材包装材料原值 $= \frac{10 \times 8 + 10 \times 5}{30} = 4.33$ 元

参照表4-1，可知包装材料的车立柱的回收量比例为70%，回收折价率为20%，铁丝回收量比例为20%，回收折价率为50%，则：

车立柱回收价值 $= (10 \times 70\%) \times (8 \times 20\%) = 11.20$ 元

铁丝回收价值 $= (10 \times 20\%) \times (5 \times 50\%) = 5$ 元

折合成每立方米回收值 $= \frac{11.2 + 5}{30} = 0.54$ 元

由此可知，木材包装费为：$4.33 - 0.54 = 3.79$ 元/m^3

(2) 材料由采购单位自备包装材料（或容器）的，应计算包装费，并计入材料预算价格内。如包装材料不是一次性报废材料，应按多次使用、多次加权摊销的方法计算，其计算公式如下：

$$自备包装品的包装费 = \frac{包装品原价 \times (1 - 回收量率 \times 回收价值率) + 使用期间维修费}{周转使用次数 \times 包装容器标准容量}$$

式中　　　　使用期间维修费 = 包装品原价 × 使用期维修费率

关于维修费率，铁桶为75%，其他不计。关于周转使用次数，铁桶15次，纤维制品5次，其余不计。

3. 材料运输损耗费的确定

材料运输损耗费是指材料在装卸、运输过程中的不可避免的合理损耗。

材料运输损耗可以计入运杂费用，也可以单独计算，其计算公式如下：

材料运输损耗 =（材料供应价 + 运杂费）× 相应材料运输损耗率

4. 材料采购及保管费的确定

采购及保管费一般按规定费率计算。其计算公式如下：

材料采购及保管费 =（材料供应价 + 运杂费 + 运输损耗费）× 采购及保管费率

式中　采购及保管费率一般在2.5%左右，各地区可根据实际情况来确定。

例4-4　某工程采用袋装水泥，由甲、乙两家水泥厂直接供应。甲水泥厂供应量为5000t，出厂价280元/t，汽车运距35km，运价1.2元/(t·km)，装卸费8元/t；乙水泥厂供应量为7000t，出厂价260元/t，汽车运距50km，运价1.2元/(t·km)，装卸费7.5元/t。已知：每吨水泥20袋，包装纸袋已包括在出厂价内，每只水泥袋原价2元，运输损耗率2.5%，采购保管费率3%。

求该工程水泥价格。

解　根据材料价格的计算公式：

材料价格 =（供应价 + 运杂费 + 运输损耗费）
　　　　× (1 + 采购及保管费率) − 包装品回收价值

(1) 供应价 = (280 × 5000 + 260 × 7000) ÷ 12000 = 268.33 元/t

(2) 平均运距 = (35 × 5000 + 50 × 7000) ÷ 12000 = 43.75km

水泥的运杂费 = 43.75 × 1.2 = 52.50 元/t

(3) 平均装卸费 = (8 × 5000 + 7.5 × 7000) ÷ 12000 = 7.71 元/t

(4) 运输损耗 = (268.33 + 52.50 + 7.71) × 2.5% = 8.21 元/t

(5) 水泥袋的回收价值

查表4-1包装品回收标准知，水泥袋回收率为50%，回收价值率为50%。即：

水泥袋回收价值 = 20 × 2 × 50% × 50% = 10 元/t

(6) 水泥的价格 = (268.33 + 52.50 + 7.71 + 8.21) × (1 + 3%) − 10 = 336.85 元/t

三、影响材料预算价格变动的因素

(1) 市场供求变化。材料原价是材料预算价格中最基本的组成。市场供给大于需求，价格就会下降；反之，价格就会上升。市场供求变化会影响材料预算价格的涨落。

(2) 材料生产成本的变动，直接涉及材料预算价格的波动。

(3) 流通环节的多少和材料供应体制也会影响材料预算价格。

(4) 运输距离和运输方法的改变会影响材料运输费用的增减，从而也会影响材料价格。

(5) 国际市场行情会对进口材料价格产生影响。

第三节　施工机械台班单价的组成和确定方法

一、机械台班单价及其组成内容

1. 施工机械台班单价的概念

施工机械单价以"台班"为计量单位，机械工作 8h 称为"一个台班"。施工机械台班单价是指一个施工机械，在正常运转条件下一个台班中所支出和分摊的各种费用之和。

施工机械台班单价的高低，直接影响建筑工程造价和企业的经营效果，确定合理的施工机械台班单价，对提高企业的劳动生产率、降低工程造价具有重要的意义。

2. 施工机械台班单价的构成

机械台班单价由两类费用组成，即第一类费用和第二类费用。

（1）第一类费用（亦称不变费用）。这一类费用不因施工地点和条件不同而发生变化，它的大小与机械工作年限直接相关，其内容包括以下四项：

1）机械折旧费。
2）机械大修费。
3）机械经常修理费。
4）机械安拆费及场外运输费。

（2）第二类费用（亦称可变费用）。这类费用是机械在施工运转时发生的费用，它常因施工地点和施工条件的变化而变化，它的大小与机械工作台班数直接相关，其内容包括以下三项：

1）机上人工费。
2）燃料、动力费。
3）养路费及车船使用税。

二、机械台班单价的确定方法

1. 第一类费用的计算

（1）机械折旧费。机械折旧费是指施工机械在规定使用期限内，每一台班所摊的机械原值及支付及贷款利息的费用。其计算公式如下：

$$机械台班折旧费 = \frac{机械预算价格 \times (1 - 残值率) \times 机械时间价值系数}{耐用总台班}$$

式中　机械预算价格——指机械出厂价格（或到岸完税价格）加上供应部门手续费和出厂地点到使用单位的全部运杂费。

$$残值率 = \frac{机械报废时回收残值}{机械预算价格} \times 100\%$$

残值率按国家有关文件规定，详见表 4-2。

机械残值率取定表 表 4-2

序 号	机械种类	机械残值率（%）
1	运输机械	2
2	特大型机械	3
3	中小型机械	4
4	掘进机械	5

机械时间价值系数指购置施工机械的资金在施工生产过程中随时间的推移而产生的单位增值。其计算公式如下：

$$\text{机械时间价值系数} = 1 + \frac{(n+1)i}{2}$$

式中 n——机械折旧年限；

i——年折现率，根据编制期银行年贷款利率确定。

耐用总台班指机械在正常施工条件下，从投入使用直到报废为止，按规定应达到的使用总台班数。其计算公式为：

耐用总台班 = 折旧年限 × 年工作台班
        = 大修间隔台班 × 大修周期
        = 大修间隔台班 ×（寿命期内大修理次数 + 1）

其中 大修间隔台班——指机械自投入使用起至第一次大修或自上一次大修投入使用起至下一次大修止，应达到的使用台班数。

大修周期——指机械正常的施工条件下，将其耐用总台班按规定的大修总次数划分为若干周期。

（2）机械大修费指按规定的大修间隔期进行大修理的费用。其计算公式如下：

$$\text{台班大修费} = \frac{\text{一次修理费} \times \text{机械寿命期内大修次数}}{\text{耐用总台班}}$$

例 4-5 某施工机械耐用总台班数为 5000 台班，大修间隔台班为 1000 台班，一次大修理费为 15000 元，该机械预算价格为 100 万元，银行贷款利率为 5%，残值率为 3%。试求该机械台班折旧费和大修理费。

解 该机械寿命期内大修次数 $= \frac{5000}{1000} - 1 = 4$ 次

机械时间价值系数 $= 1 + \frac{(n+1)i}{2} = 1 + \frac{(4+1) \times 5\%}{2} = 1.125$

则机械台班折旧费 $= \frac{1000000 \times (1 - 3\%) \times 1.125}{5000} = 218.25$ 元/台班

机械大修理费 $= \frac{15000 \times 4}{5000} = 12$ 元/台班

（3）经常修理费。是指机械中修及定期各级保养的费用。包括：机械各级保养费、机械临时故障排除费用、机械停置期间维护保养费、替换设备及工具附具台班摊销费、日常保养所需润滑擦拭材料的费用。其计算公式如下：

$$机械台班经常修理费 = \frac{\Sigma(各级保养一次费用 \times 寿命期内各级保养次数)}{耐用总台班}$$
$$+ \frac{临时故障排除费 + 替换设备费和工具附具费 + 例保辅料费}{耐用总台班}$$

式中　各级保养一次费用——指机械在各个使用周期内，为保证处于完好使用状况，必须按规定的各级保养间隔周期、保养范围、保养内容所进行的定期保养所消耗的工时、配件、辅料、油燃料等费用。

临时故障排除费——指机械除规定的大修理及各级保养以外，临时故障排除所需费用，可按各级保养费用之和的3%计算。

例保辅料费——指机械日常保养所需润滑擦拭材料的费用。

为简化计算，编制施工机械台班费用定额时也可采用下列公式计算：

$$机械台班经常修理费 = 台班大修理费 \times K$$

式中　K——机械台班经常维修系数，其数值为：

$$K = \frac{机械台班经常修理费}{机械台班大修理费}$$

K 值一般取定：载重汽车为1.46，自卸汽车为1.52，塔式起重机为1.69等。

（4）机械安拆费和场外运输费。分别为：

1）机械安拆费。指机械在施工现场进行安装、拆卸所需的人工、材料、机械费、试运费及安装所需辅助设施的费用（包括安装机械的基础、底座、固定桩、行走轨道、枕木等的折旧费及搭设、拆除费用）。计算公式为：

$$机械台班安拆费 = \frac{机械一次安拆费 \times 年平均安拆次数}{年工作台班} + 台班辅助设施费$$

其中

$$台班辅助设施费 = \Sigma \frac{一次使用量 \times 相应单价 \times (1 - 残值率)}{年工作台班}$$

2）机械台班场外运输费。指机械整体或分体自停置地点运至施工现场或由一工地运至另一工地的运输、装卸、辅助材料及架线等费用。其计算公式为：

$$机械台班场外运输费 = \frac{\left(\begin{array}{c}一次运输\\及装卸费\end{array} + \begin{array}{c}辅助材料\\一次摊销费\end{array} + 一次架线费\right) \times 年平均场外运输次数}{年工作台班}$$

注意：大型机械的安拆费和场外运输费应另行计算。

2. 第二类费用的计算

（1）人工费。指专业操作机械的司机、司炉和其他操作人员的基本工资和其他工资津贴。其计算公式如下：

$$机械台班人工费 = 定额机上人工工日 \times 日工资单价$$

其中　　　　定额机上人工工日 = 机上定员工日 $\times$ (1 + 增加工日系数)

$$增加工日系数 = \frac{年日历天数 - 规定节假公休日 - 辅助工资年非工作日 - 机械年工作台班}{机械年工作台班}$$

增加工日系数取定0.25。

（2）燃料、动力费。指机械设备在运转或施工作业中所耗用的燃料（汽油、柴油、煤炭、木材等）、电力、水等的费用。其计算公式为：

机械台班燃料动力费 = 每台班所消耗的动力消耗量 × 相应单价

(3) 养路及车船使用税。指按国家有关规定应交的运输机械养路费和车船使用税，按各省、自治区、直辖市规定标准计算后列入定额。其计算公式为：

$$台班养路费及车船使用税 = \frac{年养路费 + 年车船使用税 + 年保险费 + 年检费用}{年工作台班}$$

例 4-6 计算某地 10t 自卸汽车的台班使用费。有关资料如下：

机械预算价格 250000 元/台，使用总台班 3150 台班，大修间隔台班 625 台班，年工作台班 250 台班，一次大修理费 26000 元，经常维修费系数 $K = 1.52$，替换设备、工附具费及润滑材料费 45.10 元/台班，机上人工消耗 2.50 工日/台班，人工单价 16.5 元/工日，柴油耗用 45.6kg/台班，柴油预算价格 3.5 元/kg，养路费 95.8 元/台班。

解 第一类费用计算：

(1) 机械台班折旧费 = 250000 × (1 − 6%) ÷ 3150 = 74.60 元/台班

(2) 台班大修理次数 = (3150 ÷ 625) − 1 = 5 − 1 = 4 次

台班大修理费 = (26000 × 4) ÷ 3150 = 33.02 元/台班

(3) 经常维修费 = 33.02 × 1.52 = 50.19 元/台班

第一类费用小计：157.81 元/台班。

第二类费用计算：

(4) 机上人工费 = 2.50 × 16.50 = 41.25 元/台班

(5) 台班柴油费 = 45.60 × 3.50 = 159.60 元/台班

(6) 台班养路费为：95.80 元/台班

第二类费用小计：296.65 元/台班。

所以 10t 自卸汽车的台班使用费为：454.46 元/台班。

三、影响机械台班单价的因素

(1) 施工机械的本身价格。从机械台班折旧费计算公式可以看出，施工机械本身价格的大小直接影响到折旧费用，它们之间成正比关系，进而直接影响施工机械台班单价。

(2) 施工机械使用寿命。施工机械使用寿命通常指施工机械更新的时间，它是由机械自然因素、经济因素和技术因素所决定的。施工机械使用寿命不仅直接影响施工机械台班折旧费，而且也影响施工机械的大修理费和经常修理费，因此它对施工机械台班单价大小的影响较大。

(3) 施工机械的使用效率、管理水平和市场供需变化。施工企业的管理水平高低，将直接体现在施工机械的使用效率、机械完好率和日常维护水平上，它将对施工机械台班单价产生直接影响，而机械市场供需变化也会造成机械台班单价提高或降低。

(4) 国家及地方征收税费（包括燃料税、车船使用税、养路费等）政策和有关规定。国家地方有关施工机械征收税费政策和规定，将对施工机械台班单价产生较大影响，并会引起相应的波动。

思 考 题

1. 什么是人工单价，它由哪几部分组成，如何确定？

2. 影响人工单价的主要因素有哪些？
3. 什么是材料价格，它由哪几部分组成，如何确定？
4. 影响材料价格的主要因素有哪些？
5. 什么是机械台班单价，它由哪几部分组成，如何确定？
6. 已知某施工机械预算价格为10万元，使用寿命为8年，银行年贷款利率为7%，残值率为2%，机械耐用台班数为2000台班。试求该机械台班折旧费。
7. 某施工机械预计使用10年，耐用总台班数为3000台班，使用期内有4个大修周期，一次大修理费为5000元。试求该机械台班大修理费。
8. 某工程购置袋装水泥100t，供应价为300元/t，运杂费为30元/t，运输损耗率为2.5%，采购及保管费率为3%。求该工程水泥的价格。
9. 某工程需采购特种钢材50t，出厂价为5500元/t，供销部门手续费率为1%，材料运杂费为60元/t，运输损耗率为2%，采购及保管费率为5%。试求该特种钢材的价格。
10. 某施工机械年工作台班为400台班，年平均安拆0.85次，机械一次安拆费为20000元，台班辅助设施费为150元。试求该施工机械的台班安拆费。

第五章 预算定额

第一节 概 述

一、预算定额的概念

建筑工程预算定额简称预算定额，是指在正常合理的施工条件下，规定完成一定计量单位分项工程或结构构件所必需的人工、材料、机械台班的消耗数量标准。例如，1995年《全国统一建筑工程基础定额》中砖结构部分砖墙项目规定，完成$10m^3$一砖混水砖墙需用：

1. 人工

综合工日：16.08工日。

2. 材料

（1）水泥砂浆：$2.25m^3$。

（2）普通黏土砖：5.314千块。

（3）水：$1.06m^3$。

3. 机械

灰浆搅拌机200L：0.38台班。

预算定额作为一种数量标准，除了规定完成一定计量单位的分项工程或结构构件所需人工、材料、机械台班数量外，还必须规定完成的工作内容和相应的质量标准及安全要求等内容。

预算定额是由国家主管机关或被授权单位组织编制并颁发执行的一种技术经济指标，是工程建设中一项重要的技术经济文件，它的各项指标反映了国家对承包商和业主在完成施工承包任务中消耗的活化劳动和物化劳动的限度。这种限度它体现了业主与承包商的一种经济关系，最终决定着一个项目的建设工程成本和造价。

根据我国现行建筑工程概预算制度规定，通过编制预算确定施工图设计阶段的工程造价。为适应社会主义市场经济体制，加快工程造价管理的改革步伐，1995年建设部批准发布实行了《全国统一建筑工程基础定额》GJD—101—95，2003年建设部又颁布了国家标准《建设工程工程量清单计价规范》GB 50500—2003，逐步改革过去以固定"量"、"价"、"费"定额为主导的静态管理模式，提出了"控制量、指导价、竞争费"的改革措施，逐步深化了工程计价主要依据市场变化动态管理的改革，建立以市场形成价格为主的价格机制的改革思路。

目前，建筑工程预算定额，还存在着"双轨制"。即一部分地区已执行了《全国统一建设工程基础定额》、《建设工程工程量清单计价规范》，另一部分地区仍在执行本地区颁发的预算定额。

二、建筑工程预算定额的分类

建筑工程预算定额按不同专业性质、管理权限和执行范围及构成生产要素的不同进行分类，其具体分类如图 5-1 所示。

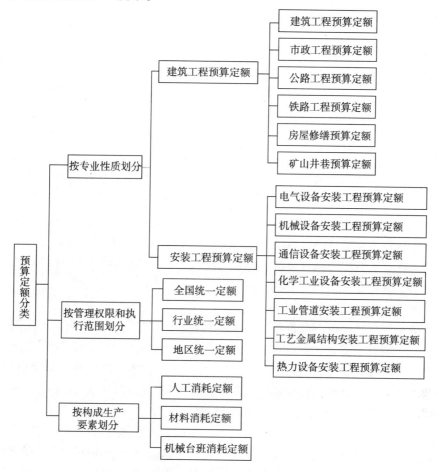

图 5-1 预算定额分类

三、预算定额与施工定额的关系

预算定额和施工定额都是施工企业实行科学管理的工具，预算定额是在施工定额（劳动定额、材料消耗定额、机械台班消耗定额）的基础上，经过综合计算，考虑各种综合因素编制而成的，二者之间有着密切的关系。但是这两种定额有许多方面是不同的，主要区别在于：

（一）两种定额水平确定的原则不同

预算定额依据社会消耗的平均劳动时间确定其定额水平，它要综合考虑不同企业、不同地区、不同工人之间存在的水平差距，注意能够反映大多数地区、企业和工人，经过努力能够达到和超过的水平。因此，预算定额基本上反映了社会平均水平，预算定额中的人工、材料、机械台班消耗量不是简单套用施工定额水平的合计。施工定额是按社会平均先进水平来确定其定额水平，它比预算定额的水平要高出 10%~15%，并且预算定额同施工定额相比包含了更多的施工定额中没有纳入的影响生产消耗的因素。

(二)两种定额的性质不相同

施工定额是依据企业内部使用的定额,是施工企业确定工程计划成本以及进行成本核算的依据,它的项目是以工序为对象的,项目划分较细。而预算定额不是企业内部使用的定额,它是一种具有广泛用途的计价定额,它的项目以分项工程或结构构件为对象,故项目划分较施工定额粗些。

四、建筑工程预算定额的作用

1. 预算定额是确定和控制工程造价的依据

预算定额是编制施工图预算,确定和控制建筑安装工程造价的基础。施工图预算是施工图设计文件之一,是确定和控制建筑工程造价的必要手段。编制施工图预算,主要依据施工图设计文件和预算定额及人工、材料、机械台班的价格。施工图一旦确定后,工程造价大小更多取决于预算定额水平的高低,预算定额是确定劳动力、材料、机械台班消耗的标准,它对工程直接费影响很大,对整个建筑产品的造价起着控制作用。

2. 预算定额是对设计方案进行技术经济分析的依据

设计方案在设计工作中处于中心地位,设计方案又是直接影响工程造价大小的最重要因素之一,对设计方案的选择既要综合技术先进、适用、美观大方的要求,更要注重经济合理的要求。根据建筑工程预算定额,对建筑结构方案进行经济分析和比较,是选择经济合理的设计方案的重要方法。

3. 预算定额是编制施工组织设计的依据

施工企业根据设计图纸、项目总体要求编制施工组织设计,确定施工平面图、施工进度计划及人工、材料、机械台班等资源需用量和物料运输方案,不仅是建设和施工中必不可少的准备工作,也是保证施工任务顺利实现的条件。而施工组织设计编制中,劳动力、材料、机械台班数量,必须依据预算定额的人工、材料、机械台班的消耗标准来确定。

4. 预算定额是施工企业进行经济核算的依据

项目法全面推广,项目经理作为自负盈亏的新型经济实体,对项目实行经济核算显得尤为重要。实行经济核算的根本目的,是用经济的方法促使企业在保证质量和工期的条件下,用较少的劳动消耗取得最好的经济效果。目前,在企业定额还没有全面普及和推广的情况下,预算定额可作为反映施工企业收入水平的重要依据。因此,施工企业必须以预算定额作为各项工作完成好坏的尺度,作为努力的具体目标。只有在施工中不断提高劳动生产率,采用新工艺、新方法,加强组织管理,降低劳动消耗,才能达到和超过预算定额的水平,取得较好的经济效果。

5. 预算定额是编制标底、投标报价的基础

招投标的全面推广、如何合理地编制标底、投标报价是招投标工作的关键。在市场经济体制下,定额作为编制标底的依据和发挥施工企业报价的基础性作用,仍将存在并继续进行,这是定额本身的科学性、系统性、指导性所决定的。

6. 预算定额是编制概算定额和概算指标的基础

概算定额是在预算定额的基础上编制的,概算指标的编制往往需要对预算定额进行对比分析和参考。利用预算定额编制概算定额和概算指标既可以使概算定额和概算指标在水平上和预算定额一致,又可以节省编制工作中大量的人力、物力和时间,收到事半功倍的效果。

五、预算定额的编制原则

为保证预算定额的质量、充分发挥预算定额的作用、在实际使用中的简便,在预算定额编制工作中应遵循以下原则:

（一）按社会平均必要劳动确定预算定额水平的原则

社会平均必要劳动即社会平均水平,是指在社会正常生产条件、合理施工组织和工艺条件下,以社会平均劳动强度、平均劳动熟练程度、平均的技术装备水平下确定完成每一分项工程或结构构件所需的劳动消耗,作为确定预算定额水平的主要原则。

预算定额水平是以施工定额水平为基础的,二者之间有着密切的关系,但预算定额水平不是简单地套用施工定额的水平,而应综合考虑各种变化因素,预算定额是按社会平均水平来确定定额水平的,而施工定额是按社会平均先进水平来确定定额水平的,施工定额水平要比预算定额水平更高一些。

（二）简明适用、通俗易懂的原则

预算定额的内容和形式,既要满足各方面的要求,又要便于使用,要做到定额项目设置齐全、项目划分合理,定额步距要适当,文字说明要清楚、简练、易懂。

所谓定额步距,是指同类一组定额相互之间的间隔。对于主要的、常用的、价值量大的项目,定额划分要细一些,步距小一些;对于次要的、不常用的、价值量小的项目,定额可以划分粗一些,步距大一些。

在预算定额编制中,项目应尽可能齐全完整,要将已经成熟和推广的新技术、新结构、新材料、新工艺项目编入定额。同时,还应注意定额项目计量单位的选择和简化工程量的计算。

（三）坚持统一性和差别性相结合的原则

所谓统一性,就是从培育全国统一市场规范计价行为出发,计价定额的制定规划和组织实施由国务院建设行政主管部门归口管理,并负责全国统一定额的制定或修订,颁发有关工程造价管理的规章制度和办法等。这样就有利于通过定额和工程造价的管理实现建筑安装工程价格的宏观调控。通过编制全国统一定额,使建筑安装工程具有一个统一的计价依据,也使考核设计和施工的经济效果具有一个统一的尺度。

所谓差别性,就是在统一性的基础上,各部委和省、自治区、直辖市主管部门可以在自己的管辖范围内,根据本部门和地区的具体情况,制定部门和地区性定额、补充性制度和管理办法,以适应我国幅员辽阔、地区间、部门间发展不平衡和差异大的实际情况。

六、预算定额编制依据

（一）现行有关定额资料

编制预算定额所依据的有关定额资料,主要内容包括以下几种:

（1）现行的施工定额;

（2）现行的预算定额;

（3）现行的单位估价表。

（二）典型的设计资料

编制预算定额所依据的典型设计资料,主要内容如下:

（1）国家或地区颁布的标准图集或通用图集;

（2）有关构件产品的设计图集；

（3）具有代表性的典型的施工图纸。

（三）现行有关规范、规程、标准

编制预算定额所依据的有关规范、规程、标准，主要内容包括：

（1）现行建筑安装工程施工验收规范；

（2）现行建筑安装工程设计规范；

（3）现行建筑安装工程施工操作规程；

（4）现行建筑安装工程质量评定标准；

（5）现行建筑安装工程施工安全操作规程。

（四）新技术、新结构、新材料和新工艺等

（五）国家和各地区以往颁发的其他定额编制基础资料、价格及有关文件规定

七、预算定额的编制步骤

预算定额的编制，大致可分为五个阶段：即，准备工作阶段、收集资料阶段、定额编制阶段、定额审核阶段和定稿报批、整理资料阶段，如图5-2所示。

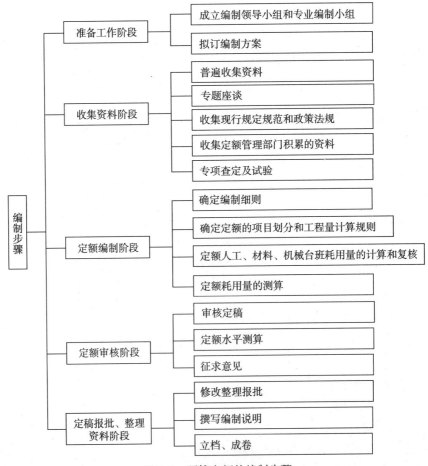

图5-2 预算定额的编制步骤

第二节 预算定额的编制方法

一、确定预算定额项目名称和工程内容

预算定额项目名称，是指一定计量单位的分项工程或结构构件及其所含子目的名称。定额项目和工程内容，一般是按施工工艺结合项目的规格、型号、材质等特征要求进行设置的，同时应尽可能反映科学技术的新发展、新材料、新工艺，使其能反映建筑业的实际水平和具有广泛的代表性。

二、确定预算定额的计量单位

（一）计量单位确定原则

预算定额的计量单位的确定，应与定额项目相适应，预算定额与施工定额计量单位往往不同，施工定额的计量单位一般是按工序或施工过程来确定，而预算定额的计量单位主要是根据分项工程或结构构件的形体特征变化确定。预算定额计量单位的确定首先要确切反映分项工程或结构构件的实物消耗量；其次要有利于减少项目、简化计算的目的；再次要能较准确反映定额所包括的综合工作内容。

（二）计量单位的选择

定额计量单位的选择，主要根据分项工程或结构构件的形体特征和变化规律，按公制或自然计量单位来确定，详见表5-1。

预算定额计量单位的选择　　　　　　　　表5-1

序号	构件形体特征及变化规律	计量单位	实 例
1	长、宽、高（厚）三个度量均变化	m^3	土方、砌体、钢筋混凝土构件、桩等
2	长、宽两个度量变化，高（厚）一定	m^2	楼地面、门窗、抹灰、油漆等
3	截面形状、大小固定，长度变化	m	楼梯、木扶手、装饰线等
4	设备和材料重量变化大	t 或 kg	金属构件、设备制作安装
5	形状没有规律且难以度量	套、台、座、件（个或组）	铸铁头子、弯头、卫生洁具安装、栓类、阀门等

预算定额中各项人工、材料和机械台班的计量单位的选择，相对比较固定，详见表5-2。

定额计量单位选择方法表　　　　　　　　表5-2

序 号	项 目	计量单位	小数位数
1	人 工	工日	二位小数
2	机 械	台班	二位小数
3	钢 材	t	三位小数

续表

序 号	项 目	计量单位	小数位数
4	木 材	m³	三位小数
5	水 泥	kg	零位小数（取整数）
6	其他材料	与产品计量单位基本一致	二位小数

三、按典型文件图纸和资料计算工程量

计算工程量的目的，是为了通过计算出典型设计图纸或资料所包括的施工过程的工程量，使之在编制建筑工程预算定额时，有可能利用施工定额的人工、机械和材料消耗量指标来确定预算定额的消耗量。

四、预算定额人工、材料和机械台班消耗量指标的确定

（一）人工消耗量指标的确定

预算定额的人工消耗量指标，指完成一定计量单位的分项工程或结构构件所必需的各种用工数量。人工的工日数确定有两种基本方法：一种是以施工的劳动定额为基础来确定；另一种是采用现场实测数据为依据来确定。

1. 以劳动定额为基础的人工工日消耗量的确定

以劳动定额为基础的人工工日消耗量的确定包括基本用工和其他用工。

（1）基本用工。基本用工是指完成一定计量单位的分项工程或结构构件所必须消耗的技术工种用工。这部分工日数按综合取定的工程量和相应劳动定额进行计算。

$$基本用工消耗量 = \sum (各工序工程量 \times 相应的劳动定额)$$

（2）其他用工。其他用工是指劳动定额中没有包括而在预算定额内又必须考虑的工时消耗。其内容包括辅助用工、超运距用工和人工幅度差。

1）辅助用工。辅助用工是指劳动定额中基本用工以外的材料加工等所用的用工。例如，机械土方工程配合用工、材料加工中过筛砂、冲洗石子、化淋灰膏等。计算公式如下：

$$辅助用工 = \sum (材料加工数量 \times 相应的劳动定额)$$

2）超运距用工。超运距用工是指编制预算定额时，材料、半成品、成品等运距超过劳动定额所规定的运距，而需要增加的工日数量。其计算公式如下：

$$超运距 = 预算定额取定的运距 - 劳动定额已包括的运距$$

$$超运距用工消耗量 = \sum (超运距材料数量 \times 相应的劳动定额)$$

3）人工幅度差。人工幅度差是指劳动定额作业时间未包括而在正常施工情况下不可避免发生的各种工时损失。内容包括：

①各种工种的工序搭接及交叉作业互相配合发生的停歇用工；

②施工机械在单位工程之间转移及临时水电线路移动所造成的停工；

③质量检查和隐蔽工程验收工作的用工；

④班组操作地点转移用工；

⑤工序交接时对前一工序不可避免的修整用工；

⑥施工中不可避免的其他零星用工。

计算公式如下：

人工幅度差 =（基本用工 + 辅助用工 + 超运距用工）× 人工幅度差系数

人工幅度差是预算定额与施工定额最明显的差额，人工幅度差一般为 10% ~ 15%。

综上所述：

人工消耗量指标 = 基本用工 + 其他用工
　　　　　　　= 基本用工 + 辅助用工 + 超运距用工 + 人工幅度差用工
　　　　　　　=（基本用工 + 辅助用工 + 超运距用工）×（1 + 人工幅度差系数）

2. 以现场测定资料为基础计算人工消耗量的确定

这种方法是采用前一章节讲述的计时观察法中的测时法、写实记录法、工作日写实法等测时方法测定工时消耗数值，再加一定人工幅度差来计算预算定额的人工消耗量。它仅适用于劳动定额缺项的预算定额项目编制。

例 5-1 某省预算定额人工挖地槽深 1.5m，三类土编制，已知现行劳动定额，挖地槽深 1.5m 以内，底宽为 0.8m、1.5m、3m 以内三档，其时间定额分别为 0.492 工日/m^3、0.421 工日/m^3、0.399 工日/m^3，并规定底宽超过 1.5m，如为一面抛土者，时间定额系数为 1.15。

解 该省预算定额综合考虑以下因素：

（1）底宽 0.8m 以内占 50%，1.5m 以内占 40%，3m 以内占 10%。

（2）底宽 3m 以内单面抛土按 50%。

（3）人工幅度差按 10% 计。

则每 $1m^3$ 挖土人工定额为：

基本用工 = 0.492 × 50% + 0.421 × 40% + 0.399 × 10% × 1.075

（单面抛土占 50% 的系数）= 0.46 工日

预算定额工日消耗量 = 0.46 ×（1 + 10%）= 0.51 工日/m^3

（二）材料消耗量指标的确定

材料消耗量指标是指完成一定计量单位的分项工程或结构构件所必须消耗的原材料、半成品或成品的数量。按用途划分为以下四种：

1. 主要材料

指直接构成工程实体的材料，其中也包括半成品、成品等。

2. 辅助材料

指构成工程实体中除主要材料外的其他材料，如钢钉、钢丝等。

3. 周转材料

指多次使用但不构成工程实体的摊销材料，如脚手架、模板等。

4. 其他材料。

指用量较少、难以计量的零星材料，如棉纱等。

材料消耗量指标划分，如图 5-3 所示。

预算定额的材料消耗指标一般由材料净用量和损耗量构成，其计算公式如下：

材料消耗量 = 材料净用量 + 材料损耗量

或　　　　材料消耗量 = 材料净用量 ×（1 + 损耗率）

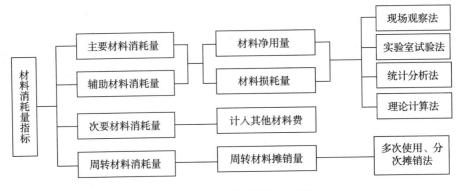

图 5-3 材料消耗量指标示意图

式中
$$损耗率 = \frac{损耗量}{净用量} \times 100\%$$

材料净用量、损耗量以及周转材料的摊销量具体确定方法已在第二章中详细介绍,在此不再重述。在这里需指出的是在计算钢筋混凝土现捣构件木模板摊销量时,应考虑模板回收折价率。即摊销量计算公式如下:

$$木模板摊销量 = 周转使用量 - 周转回收量 \times 回收折价率$$
$$= 一次使用量 \times \left[\frac{1 + (周转次数 - 1) \times 补损率}{周转次数}\right]$$
$$- \frac{一次使用量 \times (1 - 补损率) \times 回收折旧率}{周转次数}$$

例 5-2 经测定计算,每 $10m^3$ 一砖标准砖墙,墙体中梁头、板头体积占 2.8%, $0.3m^2$ 以内孔洞体积占 1%,突出部分墙面砌体占 0.54%。试计算标准砖和砂浆定额用量。

解 (1) 每 $10m^3$ 标准砖理论净用量

$$砖数 = \frac{1}{(砖宽 + 灰缝) \times (砖厚 + 灰缝)} \times \frac{1}{砖长} \times 10$$
$$= \frac{1}{(0.115 + 0.01) \times (0.053 + 0.01)} \times \frac{1}{0.24} \times 10$$
$$= 5291 \ 块/(10m^3)$$

(2) 按砖墙工程量计算规则规定不扣除梁头、板垫及每个孔洞在 $0.3m^2$ 以下的孔洞等的体积;不增加突出墙面的窗台虎头砖、门窗套及三皮砖以内的腰线等的体积。这种为简化工程量而做出的规定对定额消耗量的影响在制定定额时给予消除。

即 定额净用量 = 理论净用量 × (1 + 不增加部分比例 - 不扣除部分比例)
$$= 5291 \times [1 + 0.54\% - (2.8\% + 1\%)]$$
$$= 5291 \times 0.9674$$
$$= 5119 \ 块/(10m^3)$$

(3) 砌筑砂浆净用量

$$砂浆净用量 = (1 - 529.1 \times 0.24 \times 0.115 \times 0.053) \times 10 \times 0.9674$$
$$= 2.26 \times 0.9674$$
$$= 2.186 m^3/(10m^3)$$

(4) 标准砖和砂浆定额消耗量

砖墙中标准砖及砂浆的损耗率均为1%，则：

$$标准砖定额消耗量 = 5119 \times (1 + 1\%) = 5170 \text{块}/(10\text{m}^3)$$

$$砂浆定额用量 = 2.186 \times (1 + 1\%) = 2.208 \text{m}^3/(10\text{m}^3)$$

(三) 机械台班消耗量指标的确定

机械台班消耗量指标的确定是指完成一定计量单位的分项工程或结构构件所必需的各种机械台班的消耗数量。机械台班消耗量的确定一般有两种基本方法：一种是以施工定额的机械台班消耗定额为基础来确定；另一种是以现场实测数据为依据来确定。

1. 以施工定额为基础的机械台班消耗量的确定

这种方法以施工定额中的机械台班消耗用量加机械幅度差来计算预算定额的机械台班消耗量。其计算式如下：

预算定额机械台班消耗量 = 施工定额中机械台班用量 + 机械幅度差
　　　　　　　　　　　＝ 施工定额中机械台班用量 × (1 + 机械幅度差系数)

机械幅度差是指施工定额中没有包括，但实际施工中又必须发生的机械台班用量。主要考虑以下内容：

(1) 施工中机械转移工作面及配套机械相互影响损失的时间；
(2) 在正常施工条件下机械施工中不可避免的工作间歇时间；
(3) 检查工程质量影响机械操作的时间；
(4) 临时水电线路在施工过程中移动所发生的不可避免的机械操作间歇时间；
(5) 冬期施工发动机械的时间；
(6) 不同厂牌机械的工效差别，临时维修、小修、停水、停电等引起的机械停歇时间；
(7) 工程收尾和工作量不饱满所损失的时间。

大型机械的幅度差系数规定详见表5-3。

大型机械幅度差系数表 表5-3

序号	机械名称	系数	序号	机械名称	系数
1	土石方机械	25%	4	钢筋加工机械	10%
2	吊装机械	30%	5	木作、小磨石、打夯机械	10%
3	打桩机械	33%	6	塔吊、卷扬机、砂浆、混凝土搅拌机	0

2. 以现场实测数据为基础的机械台班消耗量的确定

如遇施工定额缺项的项目，在编制预算定额的机械台班消耗量时，则须通过对机械现场实地观测得到机械台班数量，在此基础上加上适当的机械幅度差，来确定机械台班消耗量。

第三节　预算定额的组成及应用

一、预算定额的组成

建筑安装工程预算定额的内容，一般由总说明、建筑面积计算规则、分部工程定额和有关的附录（附表）组成。

（一）总说明

总说明是对定额的使用方法及全册共同性问题所作的综合说明和统一规定。要正确地使用预算定额，就必须首先熟悉和掌握总说明内容，以便对整个定额册有全面了解。

总说明内容一般如下：

（1）定额的性质和作用；

（2）定额的适用范围、编制依据和指导思想；

（3）人工、材料、机械台班定额有关共同性问题的说明和规定；

（4）定额基价编制依据的说明等；

（5）其他有关使用方法的统一规定等。

（二）建筑面积计算规则

建筑面积是以 m^2 为计量单位，反映房屋建设规模的实物量指标。建筑面积计算规则是按国家统一规定编制的，是计算工业与民用建筑建筑面积的依据。

（三）分部工程定额

分部工程定额是预算定额的主体部分。1995 年《全国统一建筑工程基础定额》按工程结构类型，结合形象部位将全册划分为 12 个分部工程。排列顺序如下：

1. 土石方工程
2. 桩基础工程
3. 脚手架工程
4. 砌筑工程
5. 混凝土及钢筋混凝土工程
6. 构件运输及安装工程
7. 门窗及木结构工程
8. 楼地面工程
9. 屋面及防水工程
10. 防腐、保温、隔热工程
11. 装饰工程
12. 金属结构制作工程

每一分部工程均列有分部说明、工程量计算规则、定额节及定额表。

（1）分部说明。是对本分部编制内容、使用方法和共同性问题所作的说明与规定，它是预算定额的重要组成部分。

（2）工程量计算规则。是对本分部中各分项工程工程量的计算方法所作的规定，它是编制预算时计算分项工程工程量的重要依据。

（3）定额节。是分部工程中技术因素相同的分项工程的集合。

（4）定额表。是定额最基本的表现形式，每一定额表均列有项目名称、定额编号、计量单位、工作内容、定额消耗量、基价和附注等。

（四）定额附录

定额附录是预算定额的有机组成部分，各省、市、自治区、直辖市编入内容不尽相同，一般包括定额砂浆与混凝土配合比表、建筑机械台班费用定额、主要材料施工损耗表、建筑材料预算价格取定表、某些工程量计算表以及简图等。定额附录内容可作为定额换算与调整和制定补充定额的参考依据。

以下是建设部 1995 年颁发的《全国统一建筑工程基础定额》混凝土与钢筋混凝土工程分部说明及钢筋混凝土柱项目定额表式（表 5-5 ~ 表 5-8）。

混凝土与钢筋混凝土工程分部说明

（一）模板

（1）现浇混凝土模板按不同构件，分别以组合钢模板、钢支撑、木支撑、复合木模板、钢支撑、木支撑、木模板、木支撑配制，模板不同时，可以编制补充定额。

（2）预制钢筋混凝土模板，按不同构件分别以组合钢模板、复合木模板、木模板、定型钢模、长线台钢拉模，并配制相应的砖地模、砖胎模、长线台混凝土地模编制的，使用其他模板时，可以换算。

（3）本定额中框架轻板项目，只适用于全装配式定型框架轻板住宅工程。

（4）模板工作内容包括：清理、场内运输、安装、刷隔离剂、浇筑混凝土时模板维护、拆模、集中堆放、场外运输。木模板包括制作（预制包括刨光，现浇不刨光），组合钢模板、复合木模板包括装箱。

（5）现浇混凝土梁、板、柱、墙是按支模高度（地面至板底）3.6m编制的，超过3.6m时超过部分工程量另按超高项目计算。

（6）用钢滑升模板施工的烟囱、水塔及贮仓是按无井架施工计算的，并综合了操作平台。不再计算脚手架及竖井架。

（7）用钢滑升模板施工的烟囱、水塔、提升模板使用的钢爬杆用量是按100%摊销计算的，贮仓是按50%摊销计算的，设计要求不同时，另行换算。

（8）倒锥壳水塔塔身钢滑升模板项目，也适用于一般水塔塔身滑升模板工程。

（9）烟囱钢滑升模板项目均已包括烟囱筒身、牛腿、烟道口；水塔钢滑升模板均已包括直筒、门窗洞口等模板用量。

（10）组合钢模板、复合木模板项目，未包括回库维修费用。应按定额项目中所列摊销量的模板、零星夹具材料价格的8%计入模板预算价格之内。回库维修费的内容包括：模板的运输费，维修的人工、机械、材料费用等。

（二）钢筋

（1）钢筋工程按钢筋的不同品种、不同规格，按现浇构件钢筋、预制构件钢筋、预应力钢筋及箍筋分别列项。

（2）预应力构件中的非预应力钢筋按预制钢筋相应项目计算。

（3）设计图纸未注明的钢筋接头和施工损耗，已综合在定额项目内。

（4）绑扎钢丝、成型点焊和接头焊接用的电焊条已综合在定额项目内。

（5）钢筋工程内容包括：制作、绑扎、安装以及浇筑混凝土时维护钢筋用工。

（6）现浇构件钢筋以手工绑扎，预制构件钢筋以手工绑扎、点焊分别列项，实际施工与定额不同时，不再换算。

（7）非预应力钢筋不包括冷加工，如设计要求冷加工时，另行计算。

（8）预应力钢筋如设计要求人工时效处理时，应另行计算。

（9）预制构件钢筋，如用不同直径钢筋点焊在一起时，按直径最小的定额项目计算，如粗细盘直径比在两倍以上时，其人工乘以系数1.25。

（10）后张法钢筋的锚固是按钢筋帮条焊、"U"形插垫编制的，如采用其他方法锚固时，应另行计算。

（11）表5-4所列的构件，其钢筋可按表列系数调整人工、机械用量。

钢筋工程人工、机械调整系数表　　　　　　　　　　　　　　表5-4

项目	预制钢筋		现浇钢筋		构筑物			
系数范围	拱梯形屋架	托架梁	小型构件	小型池槽	烟囱	水塔	贮仓	
							矩形	圆形
人工、机械调整系数	1.16	1.05	2	2.52	1.7	1.7	1.25	1.50

（三）混凝土

（1）混凝土的工作内容包括：筛砂子、筛洗石子、后台运输、搅拌、前台运输、清理、润湿模板、浇筑、捣固、养护。

（2）毛石混凝土，系按毛石占混凝土体积20%计算的。如设计要求不同时，可以换算。

（3）小型混凝土构件，系指每件体积在0.05m³以内的未列出定额项目的构件。

（4）预制构件厂生产的构件，在混凝土定额项目中考虑了预制厂内构件运输、堆放、码垛装车运出等的工作内容。

（5）构筑物混凝土按构件选用相应的定额项目。

（6）轻板框架的混凝土梅花柱按预制异型柱；叠合梁按预制异型梁；楼梯段和整间大楼板按相应预制构件定额项目计算。

（7）现浇钢筋混凝土柱、墙定额项目，均按规范规定综合了底部灌筑1:2水泥砂浆的用量。

（8）混凝土已按常用列出强度等级，如与设计要求不同时，可以换算。

钢筋混凝土现浇柱模板定额表（100m²）　　　　　　　　　　表5-5

工作内容：（1）木模板制作。
　　　　　（2）模板安装、拆除、整理堆放及场内外运输。
　　　　　（3）清理模板粘结物及模内杂物、刷隔离剂等。

定额编号			5—58	5—59	5—60	5—61	5—62	5—63	5—64	5—65
项 目		单位	矩形柱				异形柱			
			组合钢模板		复合木模板		组合钢模板		复合木模板	
			钢支撑	木支撑	钢支撑	木支撑	钢支撑	木支撑	钢支撑	木支撑
人工	综合工日	工日	41.00	41.00	34.80	34.80	62.12	62.24	51.64	51.75
材料	组合钢模板	kg	78.09	78.09	10.34	10.34	77.14	77.14	3.04	3.04
	复合木模板	m²	—	—	1.84	1.84	—	—	2.09	2.09
	模板板方材	m³	0.064	0.064	0.064	0.064	0.083	0.083	0.083	0.083
	支撑钢管及扣件	kg	45.94		45.94		59.53		59.53	
	支撑方木	m³	0.182	0.519	0.182	0.519	—	0.580		0.580

续表

定额编号		5—58	5—59	5—60	5—61	5—62	5—63	5—64	5—65
项目	单位	矩形柱				异形柱			
		组合钢模板		复合木模板		组合钢模板		复合木模板	
		钢支撑	木支撑	钢支撑	木支撑	钢支撑	木支撑	钢支撑	木支撑
材料 零星卡具	kg	66.74	60.50	66.74	60.50	27.94	27.94	27.94	27.94
材料 钢钉	kg	1.80	4.02	1.80	4.02	13.86	18.72	13.86	18.72
材料 钢件	kg	—	11.42	—	11.42	—	46.74	—	46.74
材料 草板纸80号	张	30.00	30.00	30.00	30.00	30.00	30.00	30.00	30.00
材料 隔离剂	kg	10.00	10.00	10.00	10.00	10.00	10.00	10.00	10.00
机械 载重汽车6t	台班	0.28	0.28	0.28	0.28	0.28	0.30	0.28	0.30
机械 汽车式起重机5t以内	台班	0.18	0.11	0.18	0.11	0.18	0.09	0.18	0.09
机械 木工圆锯机500mm以内	台班	0.06	0.06	0.06	0.06	0.06	0.06	0.06	0.06

现浇构件圆钢筋定额表（t） 表5-6

工作内容：钢筋制作、绑扎、安装。

定额编号		5—294	5—295	5—296	5—297	5—298	5—299	5—300	5—301	5—302	5—303	5—304	5—305	5—306
项目	单位	φ6.5	φ8	φ10	φ12	φ14	φ16	φ18	φ20	φ22	φ25	φ28	φ30	φ32
人工 综合工日	工日	22.63	14.75	10.90	9.54	8.25	7.32	6.45	5.79	5.32	4.69	4.50	4.30	4.18
材料 钢筋φ10以内	t	1.02	1.02	1.02	—	—	—	—	—	—	—	—	—	—
材料 钢筋φ10以上	t	—	—	—	1.045	1.045	1.045	1.045	1.045	1.045	1.045	1.045	1.045	1.045
材料 镀锌钢丝22号	kg	15.67	8.80	5.64	4.62	3.39	2.60	2.05	1.67	1.37	1.07	0.87	0.87	0.87
材料 电焊条	kg	—	—	—	7.20	7.20	7.20	9.60	9.60	9.60	12.00	12.00	12.00	12.00
材料 水	m³	—	—	—	0.150	0.150	0.150	0.120	0.120	0.120	0.080	0.080	0.120	0.120
机械 卷扬机单筒慢速5t以内	台班	0.37	0.32	0.30	0.28	0.20	0.17	0.16	0.15	0.13	—	—	—	—
机械 钢筋切断机φ40以内	台班	0.12	0.12	0.10	0.09	0.09	0.10	0.09	0.08	0.08	0.13	0.13	0.13	0.13
机械 钢筋弯曲机φ40以内	台班	—	0.36	0.31	0.26	0.21	0.23	0.20	0.17	0.20	0.18	0.18	0.18	0.18
机械 直流电焊机30kW以内	台班	—	—	—	0.45	0.45	0.45	0.42	0.42	0.39	0.39	0.39	0.39	0.39
机械 对焊机75kV·A以内	台班	—	—	—	0.09	0.09	0.09	0.07	0.07	0.05	0.05	0.07	0.07	0.07

现浇构件螺纹钢筋定额表（t） 表5-7

工作内容：钢筋制作、绑扎、安装。

定额编号		5—307	5—308	5—309	5—310	5—311	5—312	5—313	5—314	5—315	5—316	5—317	5—318	5—319
项目	单位	φ10	φ12	φ14	φ16	φ18	φ20	φ22	φ25	φ28	φ30	φ32	φ38	φ40
人工	综合工日	工日	11.86	10.77	9.03	8.16	7.06	6.49	5.80	5.19	4.94	4.64	4.60	4.58	4.46
材料	螺纹钢筋	t	1.045	1.045	1.045	1.045	1.045	1.045	1.045	1.045	1.045	1.045	1.045	1.045	1.045
	镀锌钢丝22号	kg	5.64	4.62	3.39	2.60	3.02	2.05	1.67	1.07	0.87	0.87	0.87	0.87	0.87
	电焊条	kg	—	7.20	7.20	7.20	9.60	9.60	9.60	12.00	12.00	12.00	12.00	12.00	12.00
	水	m³	—	0.150	0.150	0.150	0.120	0.120	0.080	0.080	0.120	0.120	0.120	0.120	0.120
机械	卷扬机单筒慢速5t以内	台班	0.33	0.31	0.22	0.19	0.17	0.16	0.14	—	—	—	—	—	—
	钢筋切断机φ40以内	台班	0.11	0.10	0.10	0.11	0.09	0.09	0.09	0.09	0.09	0.09	0.09	0.09	0.09
	钢筋弯曲机φ40以内	台班	0.31	0.26	0.21	0.23	0.19	0.17	0.20	0.18	0.13	0.13	0.13	0.13	0.13
	直流电焊机30kW以内	台班	—	0.53	0.53	0.53	0.50	0.50	0.46	0.46	0.51	0.46	0.46	0.46	0.46
	对焊机75kV·A以内	台班	—	0.11	0.11	0.11	0.09	0.10	0.06	0.06	0.09	0.09	0.09	0.09	0.09

现浇构件柱捣混凝土定额表（10m³） 表5-8

工作内容：（1）混凝土水平运输。
（2）混凝土搅拌、捣固、养护。

定额编号			5—401	5—402	5—403	5—404
项目		单位	柱			升板柱帽
			矩形	圆形多边形	构造柱	
人工	综合工日	工日	21.61	22.43	25.62	30.90
材料	现浇混凝土C25	m³	9.86	9.86	9.86	9.86
	草袋子	m²	1.00	0.86	0.84	—
	水	m³	9.09	8.91	8.99	8.52
	水泥砂浆1:2	m³	0.31	0.31	0.31	0.31
机械	混凝土搅拌机400L	台班	0.62	0.62	0.62	0.62
	混凝土振捣器（插入式）	台班	1.24	1.24	1.24	1.24
	灰浆搅拌机200L	台班	0.04	0.04	0.04	0.04

例5-3 某住宅工程现浇钢筋混凝土矩形柱，已计算得其模板与混凝土接触面积为 $365m^2$，施工支模采用组合钢模板、钢支撑。试计算完成矩形柱支模的工料数量。

解 查钢筋混凝土现浇柱模板定额表（表5-5）可知，该分项工程定额编号为5—58，完成该柱支模工料数量：

(1) 人工

$$365\text{m}^2 \times 41 \text{ 工日}/(100\text{m}^2) = 149.65 \text{ 工日}$$

(2) 材料

1) 组合钢模板　　　　$365\text{m}^2 \times 78.09\text{kg}/(100\text{m}^2) = 285.03\text{kg}$
2) 模板板方材　　　　$365\text{m}^2 \times 0.064\text{m}^3/(100\text{m}^2) = 0.234\text{m}^3$
3) 支撑钢管及扣件　　$365\text{m}^2 \times 45.94\text{kg}/(100\text{m}^2) = 167.68\text{kg}$
4) 支撑方木　　　　　$365\text{m}^2 \times 0.182\text{m}^3/(100\text{m}^2) = 0.664\text{m}^3$
5) 零星卡具　　　　　$365\text{m}^2 \times 66.74\text{kg}/(100\text{m}^2) = 243.60\text{kg}$
6) 钢钉　　　　　　　$365\text{m}^2 \times 1.80\text{kg}/(100\text{m}^2) = 6.57\text{kg}$
7) 草板纸80号　　　 $365\text{m}^2 \times 30 \text{ 张}/(100\text{m}^2) = 110 \text{ 张}$
8) 隔离剂　　　　　　$365\text{m}^2 \times 10\text{kg}/(100\text{m}^2) = 36.5\text{kg}$

(3) 机械

1) 6t载重汽车　　　　　$365\text{m}^2 \times 0.28 \text{ 台班}/(100\text{m}^2) = 1.02 \text{ 台班}$
2) 5t以内汽车或起重机　$365\text{m}^2 \times 0.18 \text{ 台班}/(100\text{m}^2) = 0.66 \text{ 台班}$
3) 木工圆锯机　　　　　$365\text{m}^2 \times 0.06 \text{ 台班}/(100\text{m}^2) = 0.22 \text{ 台班}$

例5-4 如例5-3中混凝土工程量为45m^3。试计算完成矩形柱浇捣的工料数量。

解 查现浇构件柱捣混凝土定额表（表5-8）可知，该分项工程定额编号为5—401，完成该柱浇捣工料数量：

(1) 人工

$$45\text{m}^3 \times 21.61 \text{ 工日}/(10\text{m}^3) = 97.25 \text{ 工日}$$

(2) 材料

1) C25混凝土　　　　$45\text{m}^3 \times 9.86\text{m}^3/(10\text{m}^3) = 44.37\text{m}^3$
2) 草袋子　　　　　　$45\text{m}^3 \times 1.00\text{m}^3/(10\text{m}^3) = 4.50\text{m}^3$
3) 水　　　　　　　　$45\text{m}^3 \times 9.09\text{m}^3/(10\text{m}^3) = 40.91\text{m}^3$
4) 1:2水泥砂浆　　　 $45\text{m}^3 \times 0.31\text{m}^3/(10\text{m}^3) = 1.40\text{m}^3$

(3) 机械

1) 400L混凝土搅拌机　$45\text{m}^3 \times 0.62 \text{ 台班}/(10\text{m}^3) = 2.79 \text{ 台班}$
2) 混凝土振捣器　　　$45\text{m}^3 \times 1.24 \text{ 台班}/(10\text{m}^3) = 5.58 \text{ 台班}$
3) 200L灰浆搅拌机　　$45\text{m}^3 \times 0.04 \text{ 台班}/(10\text{m}^3) = 0.18 \text{ 台班}$

二、预算定额的应用

(一) 定额编号

在编制预算时，对分项工程或结构构件均须填写（或输入）定额编号，其目的是一方面起到快速查阅定额作用；另一方面也便于预算审核人检查定额项目套用是否正确合理，以起到减少差错、提高管理水平的作用。

为了查阅方便，全国统一建筑工程基础定额手册目录的项目编排顺序为：

分部工程号，用阿拉伯数字1、2、3、4……

每一分部中分项工程或结构构件顺序号从小到大按序编制,用阿拉伯数字1、2、3、4、5、6……

定额编号通常用"二代号"编号法来表示。所谓"二代号"法即用预算定额中的分部工程序号——子项目序号两个号码,进行项目定额编号。其表达式如下:

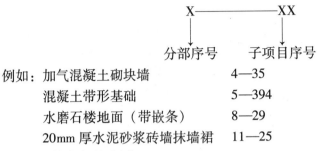

例如:加气混凝土砌块墙　　　　　　4—35
　　　混凝土带形基础　　　　　　　5—394
　　　水磨石楼地面(带嵌条)　　　　8—29
　　　20mm厚水泥砂浆砖墙抹墙裙　　11—25

(二)预算定额的应用

预算定额是计算工程造价和主要人工、材料、机械台班消耗数量的经济依据,定额应用正确与否,直接影响工程造价和实物量消耗的准确性。在应用预算定额时,要认真地阅读掌握定额的总说明、各册说明、分部工程说明、附注说明以及定额的适用范围。在实际工程预算定额应用时,通常会遇到以下三种情况:预算定额的直接套用、预算定额的调整与换算、补充定额。

1. 预算定额的直接套用

当分项工程的设计要求、项目内容与预算定额项目内容完全相符时,可以直接套用定额。直接套用定额时可按分部工程—定额节—定额表—项目的顺序找出所需项目。此类情况在编制施工图预算中属大多数情况。

直接套用定额的主要内容,包括定额编号、项目名称、计量单位、工料机消耗量、基价等。套用时应注意以下几点:

(1)根据施工图纸、设计说明、做法说明、分项工程施工过程划分来选择合适的定额项目。

(2)要从工程内容、技术特征和施工方法及材料机械规格与型号上仔细核对与定额规定的一致性,才能较正确地确定相应的定额项目。

(3)分项工程的名称、计量单位必须要与预算定额相一致,计量口径不一的,不能直接套用定额。

(4)要注意定额表上的工作内容,工作内容中列出的内容其工、料、机消耗已包括在定额内,否则需另列项目计取。

(5)查阅时应特别注意定额表下附注,附注作为定额表的一种补充与完善,套用时必须严格执行。

例5-5　某住宅建筑楼梯及平台面层铺贴花岗石,铺贴工程量为$109.65m^2$,试计算完成该楼梯花岗石铺贴的工料机数量。

解　查《全国统一建筑工程基础定额》,该项目属于第八分部楼地面工程块料面层,套用定额编号为8—58,工料机数量见表5-9。

表 5-9

	项　目	单位	每 1m² 定额消耗量	工程量	数量
人工	综合人工	工日	0.6307	109.65	69.16
材料	花岗石板	m²	1.4469	109.65	158.65
	水泥砂浆 1:2.5	m³	0.0276		3.03
	素水泥浆	m³	0.0014		0.15
	白水泥	kg	0.1400		15.35
	麻袋	m²	0.3003		32.93
	棉纱头	kg	0.0137		1.50
	锯木屑	m³	0.0082		0.90
	石料切割锯片	片	0.0120		1.32
	水	m³	0.0355		3.89
机械	灰浆搅拌机 200L	台班	0.0046	109.65	0.50
	石料切割机	台班	0.0684		7.50

例 5-6 试计算例 5-5 中完成该楼梯花岗石铺贴的水泥、砂用量。

解 查阅《全国统一建筑工程基础定额》附录三"抹灰砂浆配合比"知：

1:2.5 水泥砂浆：每 1m³ 含 32.5 级水泥 490.00kg，粗砂 1.03m³。

素水泥浆：每 1m³ 含 32.5 级水泥 1517.00kg。

$$水泥用量 = 工程量 \times 定额砂浆用量 \times 每 1m³ 砂浆水泥含量$$

即　32.5 级水泥用量 = $109.65 \times 0.0276 \times 490 + 109.65 \times 0.0014 \times 1517$

$$= 1715.78 kg$$

白水泥用量 = 工程量 × 定额白水泥用量 = $109.65 \times 0.1400 = 15.35 kg$

粗砂用量 = 工程量 × 定额砂浆用量 × 每 1m³ 砂浆砂含量

$$= 109.65 \times 0.0276 \times 1.03$$
$$= 3.12 m³$$

2. 预算定额的调整与换算

当施工图纸设计要求与定额的工程内容、规格与型号、施工方法等条件不完全相符，按定额有关规定允许进行调整与换算时，则该分项项目或结构构件能套用相应定额项目，但须按规定进行调整与换算。

定额调整与换算的实质就是按定额规定的换算范围、内容和方法，对某些分项工程项目或结构构件按设计要求进行调整与换算。对于调整与换算后的定额项目编号在右下角应注以"换"字，以示区别。

预算定额的调整与换算的常见类型有以下几种：

(1) 砂浆、混凝土配合比换算

即当设计砂浆、混凝土配合比与定额规定不同时，应按定额规定的换算范围进行换算。其换算公式如下：

换算后定额基价 = 原定额基价 + [设计砂浆(或混凝土)单价 − 定额砂浆(或混凝土)单

价]×定额砂浆(或混凝土)用量

换算后相应定额消耗量 = 原定额消耗量 + [设计砂浆(或混凝土)单位用量 − 定额砂浆(或混凝土)单位用量] × 定额砂浆(或混凝土)用量

例 5-7 某工程 C30 现浇钢筋混凝土矩形柱,已计算出工程量为 $45m^3$。试计算完成该柱混凝土浇捣人工、水泥、砂、碎石、混凝土搅拌机需用量。

解 查《全国统一建筑工程基础定额》,定额编号为 5—401。

每 $10m^3$ 柱定额消耗量为:人工:21.64 工日;
  C25 现浇混凝土:$9.86m^3$;
  400L 混凝土搅拌机:0.62 台班。
  人工需用量 = 21.64 ÷ 10 × 45 = 97.38 工日

查《全国统一建筑工程基础定额》附录"混凝土配合比"
每 $1m^3$ C25 混凝土含:32.5 级水泥 376kg、砂 $0.43m^3$、40 碎石 $0.87m^3$。
每 $1m^3$ C30 混凝土含:32.5 级水泥 411kg、砂 $0.43m^3$、40 碎石 $0.88m^3$。

水泥需用量 = [376 × 9.86 ÷ 10 + (411 − 376) × 9.86 ÷ 10] × 45 = 18236kg

或
  水泥需用量 = 411 × 9.86 ÷ 10 = 18236kg
  砂需用量 = 0.43 ÷ 10 × 45 = $1.935m^3$
  40mm 碎石需用量 = 0.88 × 9.86 ÷ 10 × 45 = $39.05m^3$
  400L 混凝土搅拌机需用量 = 0.62 ÷ 10 × 45 = 2.79 台班

(2) 系数增减换算

当设计的工程项目内容与定额规定的相应内容不完全相符时,按定额规定对定额中的人工、材料、机械台班消耗量乘以大于(或小于)1 的系数进行换算。其换算公式如下:

调整后的定额基价 = 原定额基价 ± [定额人工费(或材料、机械台班) × 相应调整系数]

调整后的相应消耗量 = 定额人工消耗量(或材料、机械台班) × 相应调整系数

例 5-8 某工程采用履带式柴油打桩机打预制管桩,桩长 16m,二级土,已计算出工程量为 $48m^3$。试计算完成打管桩所需人工、管桩、机械用量。

解 查《全国统一建筑工程基础定额》,定额编号为 2—18。

每 $10m^3$ 桩定额消耗量为:人工:13.27 工日;
  管桩:$10.10m^3$;
  3.5t 履带式柴油打桩机:1.32 台班;
  15t 履带式起重机:1.32 台班。

根据定额说明规定:

单位工程打预制管桩工程量小于 $50m^3$,其人工、机械消耗量按相应定额项目乘以系数 1.25 计算。

由此可得:
  人工需用量 = 13.27 ÷ 10 × 1.25 × 48 = 79.62 工日
  管桩需用量 = 10.10 ÷ 10 × 48 = $48.48m^3$

$$3.5t\text{ 履带式柴油打桩机} = 1.32 \div 10 \times 1.25 \times 48 = 7.92 \text{ 台班}$$
$$15t\text{ 履带式起重机需用量} = 1.32 \div 10 \times 1.25 \times 48 = 7.92 \text{ 台班}$$

(3) 材料或机械台班单价换算

当设计材料（或机械）由于品种、规格、型号等与定额规定不相符，在定额规定允许范围内，对其单价进行换算。其换算公式如下：

换算后基价 = 原定额基价 + [设计材料（或机械台班）单价
　　　　　 - 定额材料（或机械台班）单价] × 定额相应用量

(4) 材料用量的调整与换算

当设计图纸的分项项目或结构构件的主材由于施工方法、材料断面、规格等与定额规定不同而引起的用量调整，同时数量不同引起相应基价的换算。其调整与换算公式如下：

调整后主材用量 = 原定额消耗量 + （设计材料用量 - 定额材料用量）
换算后基价 = 原定额基价 + 材料量差 × 相应材料单价

例 5-9 某工程采用无纱胶合板门单扇带亮，设计门扇 35×56（mm，净料），其工程量为 150m²。试计算完成门扇制作所需一等木方用量。

解 查《全国统一建筑工程基础定额》，定额编号为 7—59。

每 100m² 门扇制作定额木方消耗量为 1.88m³。

按定额说明规定：

胶合板门扇定额毛料断面取定为 38mm×60mm，设计断面不同时，应按比例换算。本例中设计净料为 35mm×56mm，加双面刨光损耗 5mm，则设计毛料断面为 40mm×61mm。

$$\text{一等木方需用量} = 1.88 \div 100 \times \frac{40 \times 61}{38 \times 60} \times 150 = 3.018 \text{m}^3$$

(5) 用量与单价同时进行调整与换算

当设计图纸分项项目或结构构件与定额规定相比较，某些不同因素同时出现，不仅要进行用量调整还要进行价格换算，即量与价同时进行调整与换算的情况。其换算公式如下：

换算后基价 = 原定额基价 + 设计材料（或机械台班）用量 × 相应单价
　　　　　 - 定额材料（或机械台班）用量 × 相应单价

3. 补充定额

当分项工程项目或结构构件的设计要求与定额适用范围和规定内容完全不符合或者由于设计采用新结构、新材料、新工艺、新方法，在预算定额中没有这类项目，属于定额缺项时，应另行补充预算定额。

补充定额编制有两类情况。一类是地区性补充定额，这类定额项目全国或省（市）统一预算定额中没有包括，但此类项目本地区经常遇到，可由当地（市）造价管理机构按预算定额编制原则、方法和统一口径与水平编制地区性补充定额，报上级造价管理机构批准颁布；另一类是一次性使用的临时定额，此类定额项目可由预（结）算编制单位根据设计要求，按照预算定额编制原则并结合工程实际情况，编制一次性补充定额，在预（结）算审核中审定。

第四节 单位估价表

一、单位估价表的概念

单位估价表亦称地区单位估价表，是指以全国统一建筑工程基础定额或各省、市、自治区建筑工程预算定额规定的人工、材料、机械台班数量，按一个地区的工人工资单价标准、材料预算价格、机械台班预算价格，计算出的以货币形式表现的建筑工程各分项工程或结构构件的定额单位预算价值表。

单位估价表与预算定额两者的不同之处在于：预算定额只规定完成单位分项工程或结构构件的人工、材料、机械台班消耗的数量标准，理论上讲不以货币形式来表现；而地区单位估价表是将预算定额中的消耗量在本地区用货币形式来表示，一般不列工料机消耗数量。为了方便预算编制，部分地区将预算定额和地区单位估价表合并，不仅列出工料机消耗数量，同时也列出工、料、机预算价格及工程预算单价汇总值，即定额基价。

二、单位估价表的作用

（一）单位估价表是确定建筑安装工程造价的主要依据

在以传统的单价法编制预算时，把单位估价表的基价，分别乘以相应项目的工程量，就可得到每个分部分项工程的直接工程费，把每个项目直接工程费汇总加上措施费，即为单位工程直接费。在此基础上，再计算间接费、利润、税金，最后汇总出工程造价。

（二）单位估价表是甲、乙双方进行工程价款结算的主要依据

（三）单位估价表是编制工程招标标底和施工企业投标报价的依据

（四）单位估价表是建筑施工企业进行工程成本分析和经济核算的依据

（五）单位估价表是设计部门进行设计方案经济比较、选择最佳设计方案的依据

三、单位估价表编制依据

1. 《全国统一建筑安装基础定额》或各省、市、自治区建筑工程预算定额；
2. 地区现行的工资标准；
3. 地区现行的材料价格；
4. 地区现行的机械台班价格；
5. 国家和地区有关规定。

四、单位估价表的编制方法

编制单位估价表就是把三种量（工、料、机消耗量）与三种价（工、料、机预算价）分别结合起来，得出分项工程人工费、材料费和施工机械使用费，三者汇总起来就是工程预算单价。计算公式如下：

$$分项工程直接费单价(基价) = 单位人工费 + 材料费 + 机械使用费$$

式中

$$单位人工费 = \Sigma(人工工日用量 \times 人工日工资单价)$$

$$材料费 = \Sigma(各种材料耗用量 \times 相应材料价格) + 检验试验费$$

机械使用费 = ∑(机械台班耗用量×相应机械台班价格)

表 5-10 是某省单位估价表表式。

砌块墙单位估价表（10m³） 表 5-10

工作内容：调制砂浆，安装砌块，砌砖，立门窗框，安放木砖、垫块，混凝土搅拌、灌芯。

	定额编号			3—66	3—67	3—68
	项 目			混凝土小型砌块墙	加气混凝土砌块墙	硅酸盐砌块墙
	基价（元）			1883	2196	1599
其中	人工费（元）			301.60	270.40	306.80
	材料费（元）			1568.91	1920.90	1285.08
	机械费（元）			12.90	4.92	7.15
	名 称	单位	单价（元）	消耗量		
	人工Ⅱ类	工日	26.00	11.600	10.400	11.800
材料	混凝土小型砌块 390×190×190	m³	145.00	8.930	—	—
	加气混凝土砌块	m³	185.00	—	9.630	—
	硅酸盐砌块	m³	125.00	—	—	8.800
	标准砖 240×115×53	千块	211.00	0.260	0.260	0.260
	混合砂浆 M5	m³	131.02	0.990	0.630	—
	水泥砂浆 M10	m³	133.93	—	—	0.930
	现浇现拌混凝土 C20（16）	m³	172.99	0.480	—	—
	水	m³	1.95	1.000	1.000	0.600
	其他材料费	元	1.00	4.500	—	4.500
机械	灰浆搅拌机 200L	台班	44.69	0.170	0.110	0.160
	混凝土搅拌机 500L	台班	106.05	0.050	—	—

从表中 5-9 中可知每 10m³ 加气混凝土砌块墙项目，定额编号为 3—67。

人工费 = 10.400×26.00 = 270.40 元

材料费 = 9.63×185 + 0.26×211 + 0.63×131.02 + 1×1.95 = 1920.90 元

机械费 = 0.11×44.69 = 4.92 元

基价 = 270.40 + 1920.90 + 4.92 = 2196 元

例 5-10 某工程现捣混凝土构造柱，已计算得工程量为 155m³，假设当地人工单价 26 元/工日，现浇混凝土 C25 单价 175.50 元/m³，草袋子单价 4.50 元/m²，水单价 2.10 元/m³，水泥砂浆 1:2 单价 208.50 元/m³，混凝土搅拌机 400L 单价 104.50 元/台班，混凝土振捣器（插入式）9.50 元/台班，灰浆搅拌机 200L 单价 46.85 元/台班（套用《全国统一建筑工程基础定额》）。试计算：（1）该构造柱现捣混凝土基价；（2）完成该工程构造柱浇捣所需分项工程直接工程费。

解 （1）求该项目基价

查阅《全国统一建筑工程基础定额》知,该项目定额编号为 5—403,定额表见表 5-8。

$$人工费 = 人工定额消耗量 \times 人工单价 = 25.62 \div 10 \times 26 = 66.61 \, 元/m^3$$

$$材料费 = \Sigma(定额材料消耗量 \times 相应材料单价)$$
$$= 9.86 \div 10 \times 175.50 + 0.84 \div 10 \times 4.5 + 8.99 \div 10 \times 2.10 + 0.31 \div 10 \times 208.50$$
$$= 181.77 \, 元/m^3$$

$$机械费 = \Sigma(定额机械消耗量 \times 相应机械台班单价)$$
$$= 0.62 \div 10 \times 104.5 + 1.24 \div 10 \times 9.50 + 0.04 \div 10 \times 46.85$$
$$= 7.84 \, 元/m^3$$

$$构造柱浇捣混凝土基价 = 人工费 + 材料费 + 机械费 = 66.61 + 181.77 + 7.84$$
$$= 256.22 \, 元/m^3$$

(2) 求分项工程直接费

$$构造柱浇捣混凝土分项直接工程费 = 工程量 \times 基价$$
$$= 155 \times 256.22$$
$$= 39714.10 \, 元$$

例 5-11 某工程需砌筑一段毛石护坡,拟采用 M5 水泥砂浆砌筑,根据甲乙双方商定,工程单价的确定方法是:首先现场测定每 $10m^2$ 砌体人工工日、材料、机械台班消耗指标,并将其乘以相应的当地价格确定。各项测定参数如下:

(1) 砌筑 $1m^3$ 毛石砌体需工时参数为:基本工作时间为 10.6h;不可避免的中断时间为工作延续时间的 3%;准备与结束时间为工作延续时间的 2%;不可避免的中断时间为工作延续时间的 2%;休息时间为工作延续时间的 20%;人工幅度差系数为 10%。

(2) 砌筑 $10m^3$ 毛石砌需各种材料净用量为:毛石 $7.50m^3$;M5 水泥砂浆 $3.10m^3$;水 $7.50m^3$。毛石和砂浆的损耗率分别为:2%、1%。

(3) 砌筑 $10m^3$ 毛石砌体需 200L 砂浆搅拌机 5.5 台班,机械幅度差为 15%。

试计算:

(1) 砌筑每 $1m^3$ 毛石护坡工程的人工时间定额和产量定额。

(2) 假设当人工日工资标准为 22 元/工日,毛石单价为 58 元/m^3;M5 水泥砂浆单价为 121.76 元/m^3;水单价为 1.80 元/m^3;其他材料费为毛石、水泥砂浆和水费用的 2%。200L 砂浆搅拌机台班费为 45.5 元/台班。试确定每 $10m^3$ 砌体的单价。

(3) 若毛石护坡砌筑砂浆设计变更为 M10 水泥砂浆,该砂浆现行单价 143.75 元/m^3,定额消耗量不变,每 $10m^3$ 砌体的单价又为多少?

解 (1) 确定每 $1m^3$ 毛石护坡工程的人工时间定额和产量定额。

$$人工工作延续时间 = \frac{10.6}{1-(3\%+2\%+2\%+20\%)} = 14.52h$$

$$人工时间定额 = \frac{14.52}{8} = 1.82 \, 工日/m^3$$

$$人工产量定额 = \frac{1}{时间定额} = \frac{1}{1.82} = 0.55 m^3/工日$$

(2) 确定 $10m^3$ 毛石护坡工程的单价。

1) 每 $10m^3$ 砌体人工费 = $1.82 \times (1+10\%) \times 22 \times 10 = 440.44$ 元/$(10m^3)$

2) 每 $10m^3$ 砌体材料费 = $[7.5 \times (1+2\%) \times 58 + 3.10 \times (1+1\%) \times 121.76 + 7.5 \times 1.80] \times (1+2\%)$
   $= 855.20$ 元/$(10m^3)$

3) 每 $10m^3$ 砌体机械费 = $5.5 \times (1+15\%) \times 45.5 = 287.79$ 元/$(10m^3)$

4) 每 $10m^3$ 砌体的单价 = $440.44 + 855.20 + 287.79 = 1583.43$ 元/$(10m^3)$

(3) 毛石护坡砌体改用 M10 水泥砂浆后，换算单价计算。

每 $10m^3$ 砌体单价 = M5 毛石护坡砌体的单价 + （M10 水泥砂浆单价 - M5 水泥砂浆单价）× 砂浆消耗量
$= 1583.43 + (143.75 - 121.76) \times 3.1 \times (1+1\%)$
$= 1652.28$ 元/$(10m^3)$

例 5-12 某工程地下室土方，基坑底面尺寸 $30m \times 50m$，放坡系数 $K=0.5$（三类土），挖出土方量在现场附近堆放。挖土采用履带式液压单斗挖掘机（斗容量 $1m^3$），90kW 履带式推土机推土。为防止超挖和扰动地基土，按开挖总土方量的 20% 作为人工清底、修边坡土方量，该工程自然地坪标高 -0.45m，基坑底标高 -3.50m，无地下水。

各项技术参数测定如下：

(1) 反铲挖土机纯工作 1h 的生产率为 $75m^3$，机械时间利用系数为 0.85，机械幅度差系数为 20%；

(2) 推土机纯工作 1h 的生产率为 $98m^3$，机械时间利用系数为 0.80，机械幅度差系数为 15%；

(3) 人工挖 $1m^3$ 土方需基本工作时间为 100min，辅助工作时间占工作延续时间的 5%，准备与结束时间占 3%，不可避免中断时间占 2%，休息时间占 18%，人工幅度差系数为 12%；

(4) 挖土机、推土机作业时，需人工配合工日按平均每台班 1.5 个工日计。

试计算：

(1) 该工程土方开挖工程量。

(2) 每 $1000m^3$ 土方挖土机、推土机和人工预算消耗量指标。

(3) 设当地人工单价为 24 元/工日，反铲挖掘机单价为 706.17 元/台班，推土机单价为 483.73 元/台班，则每 $1000m^3$ 土方预算单价是多少？

(4) 该基坑土方开挖分项工程费是多少？

解 (1) 土方工程量

$$V = (B + KH) \cdot (L + KH) \cdot H + \frac{1}{3}K^2 H^3$$

$$H = 3.5 - 0.45 = 3.05m$$

$V = (30 + 0.5 \times 3.05) \times (50 + 0.5 \times 3.05) \times 3.05 + \frac{1}{3} \times 0.5^2 \times 3.05^3$

$= 4954.193 + 2.364$

$= 4956.56 m^3$

(2) 每 $1000m^3$ 消耗量指标

1）反铲挖掘机
$$\frac{1}{75 \times 8 \times 0.85} \times (1 + 20\%) \times 1000 \times 80\% = 1.88 \text{ 台班}$$

2）推土机
$$\frac{1}{98 \times 8 \times 0.80} \times (1 + 15\%) \times 1000 = 1.83 \text{ 台班}$$

3）人工
$$\frac{100}{1 - (5\% + 3\% + 2\% + 18\%)} = 138.89 \min$$

$$138.89 \div 60 \div 8 \times (1 + 12\%) \times 1000 \times 20\% + (1.88 + 1.83) \times 1.5 = 64.82 + 5.57$$
$$= 70.39 \text{ 工日}$$

（3）每 1000 m³ 土方预算单价

$$70.39 \times 24 + 1.88 \times 706.17 + 1.83 \times 483.73 = 3902.19 \text{ 元/m}^3$$

（4）该基坑土方开挖分项直接费

$$4956.56 \times 3902.19 \div 1000 = 19341.44 \text{ 元}$$

思 考 题

1. 什么是预算定额，它与施工定额之间的关系是什么？
2. 预算定额有何作用？
3. 预算定额的编制依据和原则是什么？
4. 预算定额的计量单位是如何确定的？
5. 试述预算定额的编制步骤。
6. 预算定额的人工消耗量指标包括哪些用工，它们应如何计算？
7. 预算定额中的主要材料耗用量是如何确定的，次要材料消耗量在定额中是如何表示的？
8. 预算定额的机械台班消耗量指标是如何确定的？
9. 预算定额由哪些内容组成？
10. 查阅本地区统一预算定额（或单位估价表），列出下列分项工程定额编号、预算单价（基价）、人工及主要材料消耗量。

（1）场地平整；
（2）房屋基础挖地槽（三类土、$H = 2\text{m}$）；
（3）M5 砂浆砌筑标准砖基础；
（4）C20 钢筋混凝土有梁式带形基础；
（5）C20 混凝土振动式灌注桩；
（6）M5 砂浆砌黏土多孔砖内墙；
（7）C30 钢筋混凝土现浇圈梁；
（8）C20 钢筋混凝土现浇楼梯；
（9）屋面 40mm 厚钢筋细石混凝土面层；
（10）屋面 SBS 防水卷材；
（11）楼梯白水泥白石子浆水磨石面层；
（12）砖墙面钢挂花岗石；
（13）水泥砂浆雨篷抹面；
（14）玻璃幕墙（隐框）；

(15) 胶合板门制作安装（有亮子、不带纱）；
(16) 铝合金推拉窗；
(17) 木门奶黄色醇酸调合漆；
(18) 墙面贴面砖（灰缝 10mm 以内）。

11. 什么是单位估价表？
12. 单位估价表的编制依据是什么？
13. 预算定额与单位估价表的异同点是什么？
14. 单位估价表如何编制？
15. 定额与单价应用有几种情况，定额调整与换算有几种形式？
16. 砖筑一砖半砖墙的技术测定资料如下：

(1) 完成 $1m^3$ 的砖体需基本工作时间 15.5h，辅助工作时间占工作班延续时间的 3%，准备与结束工作时间占 3%，不可避免中断时间占 2%，休息时间占 16%，人工幅度差系数为 10%，超距离运砖每千砖需耗时 2.5h。

(2) 砖墙采用 M5 水泥砂浆，实体积与虚体积之间的折算系数为 1.07，砖和砂浆的损耗率均为 1%，完成 $1m^3$ 砌体须耗水 $0.8m^3$，其他材料费占上述材料费的 2%。

(3) 砂浆采用 400L 搅拌机现场搅拌，运料需 200s，装料 50s，搅拌 80s，卸料 30s，不可避免中断 10s，机械利用系数 0.8，幅度差系数为 15%。

(4) 人工工日单价为 20 元/工日，M5 水泥砂浆单价为 120 元/m^3，黏土砖单价 190 元/千块，水为 0.6 元/m^3，400L 砂浆搅拌机台班单价 100 元/台班。

问题：
1) 计算确定砌筑 $1m^3$ 砖墙的施工定额。
2) $1m^3$ 砖墙的预算定额和预算单价。

17. 某建设项目一期工程的土方开挖由某机械化施工公司承包，经审定的施工方案为：采用反铲挖土机挖土，液压推土机推土（平均推土距离为 50m），为防止超挖和扰动地基土，按开挖总土方总量的 20% 作为人工清底、修边坡工程量。为确定该土方开挖的预算单价，双方决定采用实测的方法对人工及机械台班的消耗量进行确定，实测的有关数据如下：

(1) 反铲挖土机纯工作 1h 的生产率为 $56m^3$，机械利用系数为 0.80，机械幅度差系数为 25%。

(2) 液压推土机纯工作 1h 的生产率为 $92m^3$，机械利用系数为 0.85，机械幅度差系数为 20%。

(3) 人工连续作业挖 $1m^3$ 土方需要基本工作时间为 90min，辅助工作时间、准备与结束工作时间、不可避免中断时间、休息时间分别占工作延续时间的 2%、2%、1.5% 和 20.5%。人工幅度差系数为 10%。

(4) 挖、推土机作业时，需要人工进行配合，其标准为每个台班配合 1 个工日。

(5) 根据有关资料，当地人工综合日工资标准为 20.5 元，反铲挖土机台班预算单价 789.20 元，推土机台班预算单价 473.40 元。

问题：试确定每 $1000m^3$ 土方开挖的预算单价。

18. 某市政工程需砌筑一段毛石护坡，拟采用 M5 水泥砂浆砌筑。根据甲、乙双方商定，工程单价的确定方法是：首先，现场测定每 $10m^2$ 砌体人工工日、材料、机械台班消耗指标，并将其乘以相应的当地价格确定。各项测定参数如下：

(1) 砌筑 $1m^3$ 毛石砌体需工时参数为：基本工作时间为 13.5h（折算为 1 人工作）；辅助工作时间为工作延续时间的 3%；准备与结束时间为工作延续时间的 2%；不可避免的中断时间为工作延续时间的 2%；休息时间为工作延续时间的 18%；人工幅度差系数为 10%。

(2) 砌筑 $1m^3$ 毛石砌体需各种材料净用量为：毛石 $0.72m^3$；M5 水泥砂浆 $0.30m^3$；水 $0.80m^3$。毛石和砂浆的损耗率分别为：2%、1%。

（3）砌筑 1m³ 毛石砌体需 200L 砂浆搅拌机 0.5 台班，机械幅度差系数为 15%。

问题：

（1）试确定该砌体工程的人工时间定额和产量定额。

（2）假设当人工日工资标准为 20 元/工日，毛石单价为 50 元/m³；M5 水泥砂浆单价为 125.8 元/m³，水单价为 1.80 元/m³；其他材料费为毛石、水泥砂浆和水费用的 2%。200L 砂浆搅拌机台班费为 39.50 元/台班。试确定每 10m³ 砌体的单价。

第六章　概算定额、概算指标和投资估算指标

第一节　概算定额

一、概算定额的概念

概算定额是指完成一定计量单位的扩大分项工程或扩大结构构件所需消耗的人工、材料和机械台班的数量标准。

概算定额是在预算定额的基础上，以形象部位为对象将若干个联系的分项工程项目综合、扩大和合并成为一个概算定额项目。因此，建筑工程概算定额，亦称"扩大结构定额"。例如：砖基础带钢混凝土基础定额项目，它综合考虑了场地平整、挖槽（坑）、基底夯实、铺设垫层、钢混凝土基础、砖基础、防潮层、填土、运土等预算定额中的分项工程。又如，现浇捣钢筋混凝土楼面项目，综合包括了现捣钢筋混凝土结构的模板、钢筋、捣混凝土、楼板面上找平层、面层、板底抹灰、刷浆等预算定额中的分项工程。

概算定额与预算定额的不同之处，主要在于项目划分粗细程度和综合扩大程度上的差异，它们所起作用也各不相同。概算定额的水平应与预算定额水平保持一致，即社会平均水平。也就是说在正常情况下，反映大多数企业及工人所能完成和达到的水平。

概算定额可根据专业性质不同分类，如图 6-1 所示。

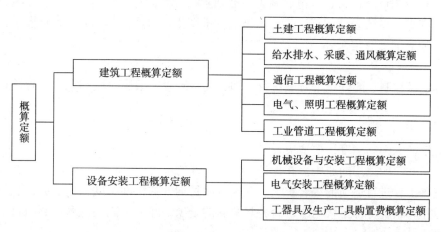

图 6-1　概算定额分类

二、概算定额的作用

(一) 概算定额是编制设计概算的主要依据

对于大中型项目,方案设计、技术设计和施工图设计是设计工作的三个主要阶段。根据国家规定,在方案设计阶段需要编制设计概算,在技术设计阶段需要编制修正总概算,不论是设计概算还是修正总概算都必须以概算定额为主要依据进行编制。

(二) 概算定额是项目设计方案选择的一个重要依据

一个项目设计方案选择,一般从牢固、适用、经济、美观等方面进行综合评定,而一个方案它的经济性,必须通过同一项目不同方案编制出不同概算来进行比较,在满足功能和技术性能要求条件下,从中选择造价较小,人工、材料消耗较少,经济效益较明显的方案为最佳方案,概算定额项目的综合性,为快速、简便得出相关经济数据提供了方便。

(三) 概算定额是编制主要材料消耗量的计算依据

保证材料、物资供应是建筑工程施工顺利进行的先决条件。根据概算定额的材料消耗指标,计算出工程用料数量,能为编制主要材料消耗量提供计算依据。

(四) 概算定额是编制概算指标的依据

(五) 概算定额是招投标工程编制标底、投标报价的依据

对于在设计方案阶段进行工程招投标的工程,就需要依据设计方案及概算定额来编制相应标底和投标报价。

三、概算定额的编制依据、编制步骤和编制原则

(一) 编制依据

概算定额的编制依据包括:

(1) 现行的建筑工程预算定额、施工定额;

(2) 现行的人工工资标准、材料单价、机械台班使用单价;

(3) 现行的设计标准、规范、施工标准和验收规范;

(4) 典型、有代表性的标准设计图纸、标准图集、通用图集和其他设计资料;

(5) 原有的概算定额。

(二) 编制步骤

概算定额编制一般分三个阶段进行:即,准备阶段、编制阶段和审查报批阶段,如图6-2所示。

(三) 编制原则

概算定额的编制深度,要适应设计的要求,在保证设计概算质量的前提下,应贯彻社会平均水平和简明适用的原则。在保证一定准确性的前提下,概算定额项目应在预算定额项目的基础上,进行适当的综合扩大。其定额项目划分的粗细程度,应适应初步设计的深度,应以主体结构分部工程为主,合并相关联的子项,并尽可能使概算定额项目划分做到简明和便于计算。

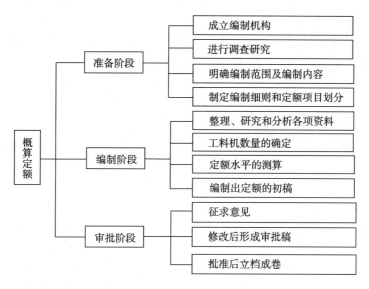

图 6-2　概算定额编制程序表

四、概算定额的内容

概算定额的内容一般由总说明、分部说明、概算定额项目表以及有关附录组成。

（一）总说明

是对定额的使用方法及共同性的问题所作的综合说明和规定。总说明一般包括如下要点：

（1）概算定额的性质和作用；
（2）定额的适用范围、编制依据和指导思想；
（3）有关人工、材料、机械台班定额的规定和说明；
（4）有关定额的使用方法的统一规定；
（5）有关定额的解释和管理等。

（二）建筑面积计算规范

建筑面积是以平方米（m^2）为计量单位，反映房屋建设规模的实物量指标。建筑面积计算规范由国家统一编制，是计算工业与民用建筑面积的依据。

（三）扩大分部工程定额

每一扩大分部定额均可有章节说明、工程量计算规则和定额表。

例如某省概算定额将单位工程分成 12 个扩大分部，顺序如下：

第一章　土方工程　　　　　　　第七章　屋盖工程
第二章　打桩工程　　　　　　　第八章　门窗工程
第三章　基础工程　　　　　　　第九章　构筑物工程
第四章　墙体工程　　　　　　　第十章　附属工程及零星项目
第五章　柱、梁工程　　　　　　第十一章　脚手架、垂直运输、超高施工增加费
第六章　楼地面、顶棚工程　　　第十二章　大型施工机械进（退）场安拆费

章节说明：是对本章节的编制内容、编制依据、使用方法等所作的说明和规定。

工程量计算规则：是对本章节各项目工程量计算的规定。

（四）概算定额项目表

概算定额项目表是定额最基本的表现形式，内容包括计量单位、定额编号、项目名称、项目消耗量、定额基价及工料指标等。表6-1、表6-2是某省概算定额表表式。

人工挖孔桩概算定额表（m³） 表6-1

工作内容：孔内挖土、弃运土方、孔内照明、抽水、修整清理、安拆模板、混凝土护壁制作安装、混凝土搅拌、运输、灌注、振实、钢筋笼制作安装。

定额编号				2—43	2—44	2—45
项 目				桩径1500mm以内		
				孔深（mm以内）		
				10	15	20
基价（元）				647.82	651.28	655.91
其中	人工费（元）			153.93	160.64	168.65
	材料费（元）			435.69	428.76	424.52
	机械费（元）			58.20	61.88	62.74
预算定额编号	项目名称	单位	单价（元）	消 耗 量		
2—80	人工挖桩孔 孔深10m以内 φ1500以内	m³	47.200	1.313	—	—
2—81	人工挖桩孔 孔深15m以内 φ1500以内	m³	58.600	—	1.313	—
2—82	人工挖桩孔 孔深20m以内 φ1500以内	m³	67.500	—	—	1.313
2—87	人工挖孔桩入岩增加费	m³	64.600	0.066	0.044	0.033
2—89	人工挖孔桩混凝土灌芯	m³	243.900	1.000	1.000	1.000
2—88	人工挖孔桩混凝土护壁安设	m³	514.700	0.239	0.239	0.239
4—398	桩基础圆钢钢筋笼制作、安装	t	2896.000	0.014	0.012	0.011
4—399	桩基础螺纹钢钢筋笼制作、安装	t	2639.000	0.039	0.038	0.037
4—393	现浇构件圆钢制作、安装	t	2808.000	0.023	0.023	0.023
2—138	凿钻孔灌注桩桩头 φ800以上	个	74.600	0.074	0.050	0.037
1—23	人工就地回填土松填	m³	1.820	0.074	0.074	0.074
名 称		单位	单价（元）	消 耗 量		
人工	人工Ⅱ类	工日	26.000	5.915	6.173	6.481
	人工Ⅰ类	工日	24.000	0.006	0.006	0.006
材料	水	m³	1.950	0.941	0.941	0.941
	木模	m³	915.000	0.020	0.020	0.020
	圆钢 综合	t	2326.000	0.038	0.036	0.035
	低合金螺纹钢 综合	t	2301.000	0.040	0.039	0.038
	水泥32.5级	kg	0.271	515.523	515.523	515.523
	综合净砂	t	41.370	0.787	0.787	0.787
	碎石粒径40mm以内	t	32.900	1.632	1.632	1.632

框架墙概算定额表（m³） 表6-2

工作内容：砌筑，浇捣钢筋混凝土圈过梁，内墙面抹灰。

定额编号				4—30	4—31	4—32
项目				多孔砖墙厚1砖	加气混凝土砌块墙 200mm厚	混凝土小型砌块墙 190mm厚
				双面普通抹灰		
基价（元）				53.04	60.81	54.88
其中	人工费（元）			15.57	16.92	17.31
	材料费（元）			36.83	43.43	37.01
	机械费（元）			0.64	0.46	0.56

预算定额编号	项目名称	单位	单价（元）	消耗量		
3—35	砌多孔砖墙 厚1砖	m³	164.100	0.197	—	—
3—66	混凝土小型砌块墙	m³	188.300	—	—	0.160
3—67	加气混凝土砌块墙	m³	219.600	—	0.164	—
4—36	现浇混凝土直形圈过梁 复合木模	m³	17.260	0.035	0.029	0.028
4—136	C20现浇现拌混凝土圈、过梁浇捣	m³	239.300	0.005	0.004	0.004
4—394	现浇构件 螺纹钢 制作、安装	t	2607.000	0.001	0.001	0.001
11—66	砖或混凝土墙面界面处理	m²	2.220	—	2.000	2.000
11—6	砖墙、砌块墙面水泥砂浆抹灰	m²	8.720	0.600	0.600	0.600
11—11	砖墙、砌块墙面混合砂浆抹灰 厚20mm	m²	8.060	1.400	1.400	1.400

	名称	单位	单价（元）	消耗量		
人工	人工Ⅱ类	工日	26.000	0.255	0.195	0.210
	人工Ⅲ类	工日	30.000	0.298	0.395	0.395
材料	多孔砖 240×115×90	千块	319.000	0.067	—	—
	水	m³	1.950	0.152	0.187	0.190
	复合模板	m²	32.540	0.005	0.005	0.004
	木模	m³	915.000	0.000	0.000	0.000
	水泥32.5级	kg	0.271	22.374	16.620	20.832
	综合净砂	t	41.370	0.128	0.089	0.102
	低合金螺纹钢 综合	t	2301.000	0.001	0.001	0.001
	混凝土小型砌块 390×190×190	m³	145.000	—	—	0.143
	加气混凝土砌块	m³	185.000	—	0.158	—
	标准砖 240×115×53	千块	211.000	—	0.004	0.004
	碎石粒径40mm以内	t	32.900	0.006	0.005	0.013

（五）附录

附录一般列在概算定额手册的后面，它是对定额的补充，具体内容各地区不尽相同。

第二节　概算指标

一、概算指标的概念

建筑工程概算指标通常以整个建筑物和构筑物为对象，以建筑面积、体积或成套设备装置的台或组为计量单位而规定的人工、材料、机械台班的消耗量标准和造价指标。概算指标是比概算定额综合性更强的一种定额指标。它是已完工程概算资料的分析和概括，也是典型工程统计资料的计算成果。

概算指标可分为两大类：一类是建筑工程概算指标；另一类是安装工程概算指标。如图 6-3 所示。

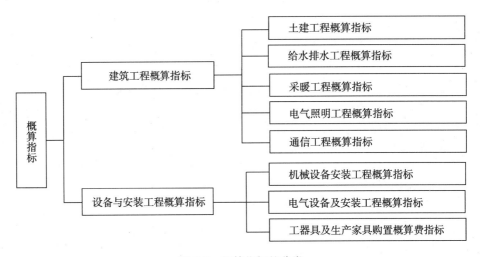

图 6-3　概算指标的分类

二、概算指标的作用

（1）概算指标是编制投资估算的参考依据；

（2）概算指标是设计单位进行方案比较，建设单位选址的依据；

（3）概算指标的主要材料指标，可作为估算单位工程或单项工程主要材料用量的依据；

（4）概算指标是建设单位编制建设投资计划，国家主管部门编制固定资产投资计划，确定投资额的依据。

三、概算指标的编制依据、编制步骤、编制原则

（一）概算指标的编制依据

(1) 国家、省、自治区、直辖市批准颁发的标准图集，典型代表工程的工程设计图纸；
(2) 现行概算指标及其他相关资料；
(3) 国家颁发的现行建筑设计规范、施工规范及其他有关技术规范；
(4) 编制期相应地区的人工工资标准、材料价格、机械台班使用单价等；
(5) 已完工程的预（结）算资料。

（二）概算指标的编制步骤

(1) 首先成立编制小组，拟订编制方案。包括明确编制原则和方法，确定编制内容和表现形式，明确编制工作规划和时间安排。

(2) 收集整理编制概算指标所必需的标准图集、典型设计图纸，已完工程的预（结）算资料等。

(3) 编制概算指标，包括按指标内容及表现形式，利用已完工程造价资料结合人工工资单价、材料价格、机械台班使用单价进行具体计算分析。在编制概算指标时应尽可能运用计算机网络等手段，进行工程造价资料积累和数据库的建立。

(4) 最后经过审核、平衡分析、水平测算、征求意见、修改初稿、审查定稿。

（三）概算指标的编制原则

(1) 按平均水平确定概算指标的原则。
(2) 概算指标的内容和表现形式，要贯彻简明适用的原则。
(3) 概算指标的编制依据，必须具有代表性。

编制概算指标所依据的工程设计资料，类型上是典型的，技术上是规范的，经济上是合理的，工艺上是先进的。

四、概算指标的主要内容

概算指标的主要内容由总说明、分册说明、经济指标及结构特征等组成。

1. 总说明及分册说明

总说明主要包括概算指标编制依据、作用、适用范围、分册情况及共同性问题的说明；分册说明就是对本册中具体问题作出必要的说明。

2. 经济指标

经济指标是概算指标的核心部分，它包括该单项工程或单位工程每平方米造价指标、扩大分项工程量、主要材料消耗及工日消耗指标等。

3. 结构特征

结构特征是指在概算指标内标明建筑物等的示意图，并对工程的结构形式、层高、层数和建筑工程进行说明，以表示建筑结构工程的概况。

五、概算指标编制实例

实例一：××市某住宅新村造价分析

（一）工程概况

工程名称	某住宅新村	建设地点	某市	工程类别	三类
建筑面积	30166m²	结构类型	框架结构	檐 高	19m
层 数	七层	单方造价	818元/m²	编制日期	某年某月
工程结构特征	本工程为7幢七层住宅楼，底层为车库，屋顶为阁楼。基础采用377沉管灌注桩，±0.000m以上墙体采用标准砖、水泥砂浆石砌，±0.000m以下采用多孔砖、混合砂浆砌筑，建筑立面采用三段式设计，屋面是四坡水泥瓦，外墙以浅灰色涂料为主，二层以下为横条式仿青石棕色涂料，窗采用塑钢窗，内设塑钢推拉门，室内除公共部位均为粗装修，墙面为混合砂浆毛墙面，地面为水泥砂浆毛地坪，内门不装，只留洞口，安装部分包括普通水电					

（二）造价指标

项 目		单方造价（元/m²）	占总造价比例（%）
总造价		817.72	100.00
土 建		770.62	94.24
其中	结构	599.77	73.35
	装饰	170.85	20.89
安 装		47.10	5.76
其中	水施	16.06	1.96
	电气	31.04	3.80

（三）工程造价及费用组成

土建部分

项 目	平方米造价	占总造价百分比（%）
总造价	770.62	100.00
直接费	620.65	80.54
综合费用	160.56	20.84
价 差	−23.00	−2.98
劳动保险费	12.41	1.61

安装部分

项 目		总造价	主材料	安装费	其中 人工费	直接费	综合费	税金	价差	劳动保险费
水施	平方米造价	16.06	5.52	7.37	1.57	12.89	2.48	0.52	−0.11	0.28
	百分比（%）	100.00	34.37	45.89	9.77	80.26	15.44	3.24	−0.68	1.74
电气	平方米造价	31.04	14.19	7.24	3.88	21.43	6.14	1.03	1.74	0.70
	百分比（%）	100.00	45.72	23.32	12.50	69.04	19.78	3.32	5.61	2.26
合计	平方米造价	47.10	19.71	14.61	5.45	34.32	8.62	1.55	1.63	0.98
	百分比（%）	100.00	41.85	31.02	11.57	72.87	18.30	3.29	3.46	2.08

（四）土建部分构成比例及主要工程量

项目	分部直接费（元）	占直接费比例（%）	单位	工程量/m²
土石方工程 挖土方	190328	1.03	m³	0.24
打桩工程 沉管灌注桩 凿桩头	2692422	14.51	m³ 个	0.17 0.06
基础与垫层 独立基础	1467344	7.91	m³	0.08
砖石工程 多孔砖墙	1085582	5.85	m³	0.19
混凝土及钢筋混凝土 柱 梁 板	8027402	43.26	m³ m³ m³	0.05 0.08 0.12
屋面工程 混凝土瓦	641658	3.46	m³	0.15
脚手架工程	335952	1.81		
楼地面工程水泥砂浆楼地面	511763	2.76	m²	0.61
墙柱面工程 水泥砂浆墙柱面 混合砂浆墙柱面 石灰砂浆墙柱面	450441	4.04	m² m² m²	0.81 1.49 0.66
顶棚工程	184089	0.99		
门窗工程 塑钢门窗	1983982	10.69	m²	0.18
油漆涂料工程 外墙涂料 抹灰面乳胶漆	597090	3.22	m² m²	0.63 0.64
其他工程	89520	0.48		

（五）主要工料消耗指标

项目	单位	每平方米耗用量	每万元耗用量	项目	单位	每平方米耗用量	每万元耗用量
一、定额用工				碎石	t	0.34	5.48
1. 土建	工日	5.04	81.20	标准砖	块	14.1	227
2. 水施	工日	0.10	—	多孔砖	块	67.6	1089
3. 电气	工日	0.24	—	石灰	kg	16.59	267
二、材料消耗				2. 安装			
土建				镀锌管	kg	0.16	—
钢筋	kg	75.18	1211	UPVC 管	m	0.27	—
水泥	kg	279.46	4503	型钢	kg	0.10	—
木材	m³	0.001	0.02	电线管	m	1.43	—
砂子	t	0.42	6.77	电线	m	5.06	—

实例二：××市某工业厂房造价分析

（一）工程概况

工程名称	某工业厂房	建设地点	某市	工程类别	三类
建筑面积	21426m²	结构类型	框架结构	檐高	19m
层数	六层	单方造价	1190元/m²	编制日期	某年某月
工程结构特征	本工程为某工厂联合厂房综合楼，主体六层，局部七层，地下室一层，车间层高6m，夹层层高3m。基础采用800和900钻孔灌注桩，计191根。全框架承重结构，多孔黏土砖填充墙分隔。车间内每层的横向框采用无粘结预应力技术，两端有悬挑结构				

（二）工程量清单汇总

项 目		单方造价（元/m²）	占总造价比例（%）
非实物形态竞争性费用		66.16	5.56
建筑工程量清单		923.86	77.64
其中	结构	798.31	67.09
	装饰	125.55	10.55
安装工程量清单		107.33	9.02
其中	水施	7.06	0.60
	电气	57.53	4.83
	自喷及消火栓	19.62	1.65
	消防报警	22.36	1.88
	通风	0.76	0.06
计工日		0.11	0.01
合 计		1097.46	92.23
不可预见费（5%）		54.87	4.61
税金（3.43%）		37.64	3.16

（三）土建部分构成比例及主要工程量

项 目	分部直接费（元）	占直接费比例（%）	单位	工程量/m²
土石方工程 挖土方	164619	0.74	m³	0.41
打桩工程	4459959	20.01		
基础与垫层 无筋混凝土垫层 地下室底板	3562190	15.98	m³ m³	0.04 0.14
砖石工程 多孔砖墙 防水砂浆	421397	1.89	m³ m³	0.09 0.20

续表

项　目	分部直接费（元）	占直接费比例（%）	单位	工程量/m²
混凝土及钢筋混凝土 　柱 　梁 　板	10480536	47.02	m³ m³ m³	0.08 0.05 0.14
屋面工程 　防水卷材 　水泥砂浆找平	153633	0.69	m² m²	0.15 0.25
耐酸保温	9443	0.04		
附属工程	8551	0.04		
楼地面工程 　水泥砂浆楼地面 　水磨石楼地面 　顶棚混合砂浆	736919	3.31	m² m² m²	0.12 0.82 0.04
墙柱面工程 　混合砂浆墙柱面 　水泥砂浆墙柱面 　顶棚混合砂浆	713807	3.20	m² m² m²	0.46 0.47 0.99
门窗工程 　胶合板门 　塑钢窗 　塑料门窗	1364693	6.12	m² m² m²	0.02 0.01 0.16
油漆涂料工程 　抹灰面乳胶漆 　外墙涂料	213338	0.96	m² m²	1.34 0.31
合　计	22289085	100		

（四）主要材料消耗指标

项目	单位	每平方米耗用量	项目	单位	每平方米耗用量
钢筋	kg	79.00	安装用材		
水泥32.5级	kg	174.5	型钢	kg	0.19
水泥42.5级	kg	49.53	电线管	kg	0.55
木材	m³	0.001	白铁皮	kg	0.67
塑钢门窗	m²	0.17	UPVC给水管	m	0.04
木模	m³	0.02			
彩釉砖	m²	0.05	铜塑线	m	1.48

六、概算指标的应用

概算指标能直接套用，但必须基本符合拟建工程的外形特征、结构特征、建筑物层数基本相同，建设地点在同一地区等。但概算指标在应用中由于拟建工程（设计对象）与类似工程的概算指标相比，经常遇到以下情况：

（一）技术条件不尽相同
（二）概算指标编制年份的设备、材料、人工等价格与当时当地价格不一样
（三）外形特征和结构特征不一样

因此，必须对其进行调整。其调整方法如下：

1. 设计对象的结构特征与概算指标有局部差异时的单价调整

其调整方法是在原概算指标基础上换入新结构的费用，换出旧结构的费用。计算公式如下：

结构局部变化修正概算指标($元/m^2$) = 原概算指标($元/m^2$) + 换入新结构的含量 × 新结构相应的单价 – 旧结构的含量 × 旧结构相应的单价

2. 设计对象的结构特征与概算指标有局部差异时的工料机数量调整

其调整基本方法是在原概算指标工料机数量的基础上，换入新结构的工料机数量，换出旧结构的工料机数量。计算公式如下：

结构局部变化修正概算指标的工料机数量 = 原概算指标的工料机数量 + 换入结构构件工程量 × 相应定额工料机消耗量 – 换出结构构件 × 相应定额工料机消耗量

3. 设备、人工、材料、机械台班费用的调整

由于建设地点不同，引起设备、人工、材料机械台班费用的调整，其计算公式如下：

设备、工、料、机修正费用 = 原概算指标的设备、工、料、机费用 + Σ（换入设备、工、料、机数量 × 拟建地区相应单价） – Σ（换出设备、工、料、机数量 × 原概算指标设备、工、料、机单价）

例 某地区拟建一砖混结构商住楼，建筑面积 $4500m^2$，结构形式与已建成的某工程相同，只有外墙保温贴面不同，其他部分较为接近。类似工程单方概算造价 $715 元/m^2$，外墙为珍珠岩板保温、水泥抹面，每平方米建筑面积消耗量分别为 $0.05m^3$、$0.95m^2$，珍珠岩板单价 $250 元/m^3$、水泥砂浆 $8.5 元/m^2$；拟建工程外墙为加气混凝土保温，外贴面砖，每平方米建筑面积消耗量分别为 $0.1m^3$、$0.85m^2$，加气混凝土单价 $175 元/m^3$、贴面砖 $47.5 元/m^2$。

试求拟建工程的概算单方造价指标。

解 修正概算指标 = 原概算指标 + 换入结构指标 – 换出结构指标

拟建工程概算单方造价 = 715 + 0.1 × 175 + 0.85 × 47.5 – (0.05 × 250 + 0.95 × 8.5)
= 752.3 元/m^2

第三节 投资估算指标

一、投资估算指标的概念

投资估算指标是以独立的建设项目、单项工程或单位工程为对象，综合项目全过程投资和建设中各类成本和费用，反映出其扩大的技术经济指标。投资估算是编制和确定项目建议书和可行性研究报告投资估算的基础和依据，它既是定额的一种表现形式，但又不同

于其他的计价定额。投资估算作为项目前期投资评估服务的一种扩大的技术经济指标，具有较强的综合性、概括性。

二、投资估算指标的作用

（1）投资估算指标在编制项目建议书和可行性研究报告阶段，它是正确编制投资估算，合理确定项目投资额，进行正确的项目投资决策的重要基础；

（2）投资估算指标是投资决策阶段，计算建设项目主要材料需用量的基础；

（3）投资估算指标是编制固定资产长远规划投资额的参考依据；

（4）投资估算指标在项目实施阶段，是限额设计和控制工程造价的依据。

三、投资估算指标的编制原则

投资估算指标属于建设前期进行投资估算的技术经济指标，它要求较全面反映项目建设全部投资额，不仅要反映实施阶段的静态投资，而且还必须反映建设期间和交付使用期内发生的动态投资。因此，投资估算指标的编制工作除遵循一般定额的编制原则外，还必须坚持下列原则。

（一）项目确定的预见性原则

投资估算指标的确定，应当考虑以后若干年编制项目建议书和可行性研究投资估算的需要。

（二）坚持技术上先进可行、经济上合理的原则

投资估算的编制内容，典型工程的选取，必须符合国家的产业发展方向和技术经济政策。对建设项目的建设标准、工艺标准、建筑标准、占地标准、劳动定员标准等的确定，尽可能做到立足国情、立足发展、立足工程实际，坚持技术上先进可行和经济上低耗、合理，力争以较少的投入取得最大的效益。

（三）坚持与项目建议书和可行性研究报告的编制深度相适应

投资估算指标的分类、项目划分、项目内容、表现形式等要结合各专业实际，并且要与项目建议书和可行性研究报告的编制深度相适应。

（四）要具有更大的综合性、概括性和全面性

投资估算指标的编制不仅要反映不同行业、不同项目和不同工程的特点，而且还要反映在项目建设和投产期间的静、动态投资额，因此要有比一般定额更大的综合性、概括性和全面性。

（五）坚持能分能合、有粗有细、细算粗编的原则

投资估算指标既是国家进行项目投资控制与指导的一项重要经济指标，又是编制投资估算的重要依据。因此要求它能合能分，有粗、有细，细算粗编，既要能反映一个建设项目全部投资及其构成，又要有组成建设项目投资的各个单项工程投资及具体分解指标，以使指标具有较强的实用性，扩大投资估算的覆盖面。

四、投资估算指标的内容

投资估算指标是确定和控制建设项目全过程各项投资支出的技术经济指标，其范围涉及建设前期、建设实施期和竣工验收交付使用期等各个阶段的费用支出。其内容因行业不

同而各异，一般可分为：建设项目综合指标、单项工程指标和单位工程指标三个层次。

（一）建设项目综合指标

建设项目综合指标指按规定应列入建设项目投资的从立项筹建至竣工验收交付使用的全部投资额，包括固定资产投资和流动资产投资，其组成如图 6-4 所示。

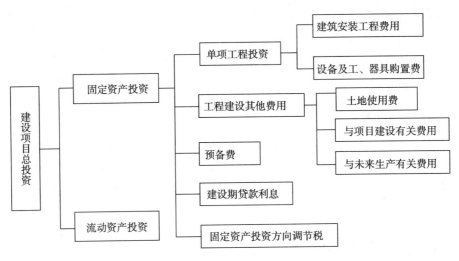

图 6-4 建设项目综合指标

建设项目综合指标一般以项目综合生产能力单位投资表示，如元/t、元/kW，或以使用功能表示，如医院床位：元/床，或以建筑面积表示，如元/m²。

（二）单项工程指标

单项工程指标指按规定应列入能独立发挥生产能力或使用效益的单项工程内的全部投资额，包括建筑工程费、安装工程费、设备与生产工具购置费和其他费用。其组成如图 6-5 所示。

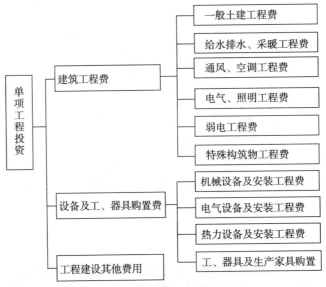

图 6-5 单项工程指标

单项工程指标一般以单项工程生产能力单位投资（如元/t）或其他单位表示，如：

变配电站：元/（kV·A）；

锅炉房：元/蒸汽吨；

供水站：元/m³；

办公室、仓库、宿舍、住宅等房屋则区别不同结构形式以元/m²。

（三）单位工程指标

单位工程指标是指按规定应列入能独立设计、组织单独施工的工程项目的费用，即建筑安装工程费用。其组成如图6-6所示。

单位工程一般以如下方式表示：

（1）房屋：区别不同结构形式，以元/m²表示；

（2）道路：区别不同结构层、面层，以元/m²表示；

（3）水塔：区别不同结构、容积，以元/座表示；

（4）管道：区别不同材质、管材，以元/m表示；

（5）烟囱：区别不同材料、高度，以元/座表示。

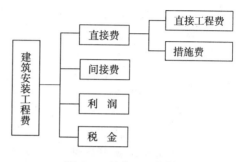

图6-6 单位工程指标

五、投资估算指标的编制方法

投资估算的编制是一项系统工程，它渗透的方面相当多，如产品规模、方案、工艺流程、设备选型、工程设计和技术经济等。因此，编制一开始就必须成立由专业人员和专家及相关领导参加的编制小组，制定一个包括编制原则、编制内容、指标的层次项目划分、表现形式、计量单位、计算、平衡、审查程序等内容的编制方案，具体指导编制工作。

投资估算指标编制工作一般可分为三个阶段进行：

（一）调查收集整理资料阶段

调查收集与编制内容有关的已经建成或正在建设的工程设计目标、施工文件、概算依据，这是编制投资估算指标的基础。资料收集得越多，越有利于提高指标的准确性、实用性与适应性。注意，在大量收集的同时要重视对资料的整理工作。

（二）平衡调整阶段

由于调查收集的资料来源不同，虽然经过前期的整理分析，但由于建设地点、条件、时间上带来的影响，特别是新工艺、新技术、新材料的不断出现，生产力水平的不断提高需要对所收集的资料进行综合平衡的调整。

（三）测算审查阶段

测算是根据新编的投资估算指标编制选定工程的投资估算，将它与选定工程的概预算在同一价格条件下进行比较，检验其误差程度是否在允许偏差的范围内。如偏差过大，要找出原因，进行调整。在此多次调整的基础上组织相关人员进行全面审查定稿，并报相关部门审发。

思 考 题

1. 什么是概算定额，它有哪些作用？
2. 预算定额与概算定额有何异同点？
3. 概算定额的编制依据与编制原则有哪些？
4. 什么是概算指标，它有哪些作用？
5. 概算指标如何分类？
6. 试述概算指标的内容及表现形式。
7. 概算指标与概算定额有何异同？
8. 试述当设计对象的结构特征与概算指标有局部差异时，概算指标的调整方法。
9. 某市一住宅楼为混合结构，建筑面积 3500m^2，建筑工程直接费为 680 元/m^2，其中：块石基础为 45 元/m^2。而今拟建一栋住宅楼，建筑面积 40000m^2，基础采用钢筋混凝土带形基础为 65 元/m^2，其他结构相同。求该拟建住宅楼工程直接费。
10. 什么是投资估算指标？
11. 投资估算指标的作用和编制原则是什么？
12. 投资估算指标内容一般可分几个层次？
13. 试述投资估算的编制方法。
14. 某砖混结构的建筑物体积是 1000m^3，毛石带形基础的工程量为 85m^3，若每 10m^3 毛石基础需用砌石工 7.15 工日，又假定在该项单位工程中其他分部工程不需要砌石工。试求完成该建筑物需用砌石工数量。

第七章 工程费用和费用定额

第一节 工程费用

一、建设工程费用的构成

建设项目费用是指建设项目按照既定的建设内容、建设规模、建设标准、工期全部建成并经验收合格交付使用所需的全部费用。它是建设工程造价构成的主要内容,包括用于购买工程项目所需各种设备的费用,用于建筑和安装施工所需支出的费用,用于委托工程勘察设计、监理应支付的费用,用于购置土地所需费用,也包括用于建设单位进行项目管理和筹建所需的费用等。

我国现行建设工程费用的构成主要有设备及工、器具购置费用、建筑安装工程费用、工程建设其他费用、预备费、建设期贷款利息、固定资产投资方向调节税等。

具体构成如图7-1所示。

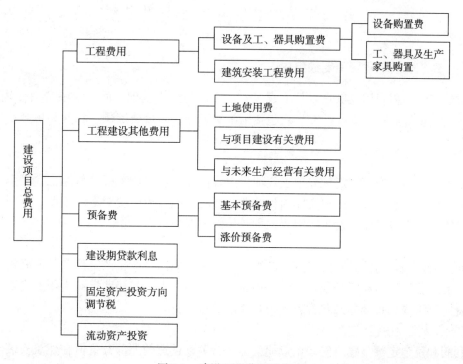

图 7-1 建设工程费用的构成

二、建筑安装工程费用的构成

我国现行建筑安装工程费用主要由直接费、间接费、利润和税金四部分组成。其具体构成如图7-2所示。

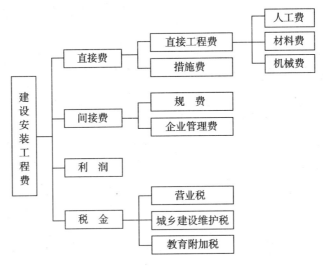

图7-2 建筑安装工程费用构成

第二节 建筑安装工程费用定额

一、建筑安装工程费用定额组成

建筑安装工程费用定额是以某个或多个自变量为计算基础，反映专项费用（因变量）社会必要劳动量的百分率或标准。它包括措施费定额、间接费定额、利润和税金定额，如图7-3所示。

（一）措施费定额

措施费定额是指预算定额分项工程项目内容以外，为完成工程项目施工，发生于该工程施工前和施工过程中非工程实体项目的费用开支标准。措施费对不同企业、不同工程来说，可能发生，也可能不发生，需要根据具体的情况加以确定。

（二）间接费定额

间接费定额是与建筑安装生产的个别产品无关，而为企业生产全部产品所必需，为维持企业的经营管理活动所必须发生的各项费用开支的标准。间接费定额由规费定额和企业管理费定额组成，每部分又包含若干项具体的费用项目。

（三）利润和税金定额

利润和税金定额是建筑安装企业职工为社会劳动创造的那部分价值在建筑安装工程造价中的体现。

随着我国社会主义市场经济体制的建立，为建筑市场创造了公平竞争的环境，建筑安

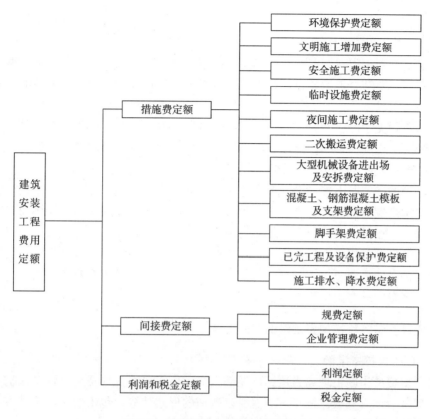

图 7-3 建筑安装工程费用定额组成

装工程费用定额正逐步由企业隶属关系计取改由按工程类别取费，实行同一产品同一价格。按建法［1993］133 号文件，对工程项目的不同投资来源或工程类别，实行在计划利润基础上的差别利润率的规定精神，明确建筑安装工程利润按不同投资来源或工程类别，分别制定差别利润率。

建筑安装工程税金是指按国家税法规定的应计入建筑安装工程造价内的营业税、城乡建设维护税及教育附加税。

二、建筑安装工程费用定额的编制原则

建筑安装工程费用定额是工程造价的重要依据，它的合理性和准确性与否直接关系到工程造价确定的精确性。为了提高建筑安装工程费用定额的编制，应贯彻下述原则。

（一）合理地确定定额水平的原则

建筑安装工程费用定额的水平应按照社会必要劳动量确定。建筑安装工程费用定额的编制工作是一项政策性很强的技术经济工作。合理地确定定额水平，关系到定额能否在生产组织管理中发挥作用。合理的定额水平，应该从实际出发。在确定建筑安装工程费用定额时，一方面要及时准确地反映企业技术和施工管理水平，促进企业管理水平不断完善提高，这些因素会对建筑安装工程费用支出的减少产生积极的影响；另一方面也应该考虑由于材料价格上涨、定额人工费的变化会使建筑安装工程费用定额有关费用支出发生变化的因素。各项费用开支标准应符合国务院、财政部、各省、自治区、直辖市人民政府的有关

规定。

(二) 简明、实用性原则

确定建筑安装工程费用定额,应在尽可能地反映实际消耗水平的前提下,做到形式简明、方便实用。要结合工程建设的技术经济特点,在认真分析各项费用属性的基础上,理顺费用定额的项目划分,有关部门可以按照统一的费用项目划分,制定相应的费率,费率的划分应与不同类型的工程和不同企业等级承担工程的范围相适应,按工程类型划分费率,实行同一工程同一费率。运用定额计取各项费用的方法应力求简单易行。

(三) 要贯彻灵活性和准确性相结合的原则

工程造价的确定既不能"高估冒算",也不能"低于成本价报价"。这就要求在建筑安装工程费用定额的编制过程中,一定要充分考虑可能对工程造价造成影响的各种因素。在编制措施费定额时,要充分考虑现场的施工条件对某个具体工程的影响,要对各种因素进行定性、定量的分析研究后制定出合理的费用标准。在编制间接费定额时,要贯彻合理节约的原则,在满足施工生产和经营管理需要的基础上,尽量压缩非生产人员的人数,以节约企业管理费中的有关费用支出。

三、建筑安装工程措施费定额的编制方法

(一) 环境保护费定额

环境保护费是指施工现场为达到环保部门要求所需要的各项费用。环境保护费一般是以直接工程费为计算基数,按年平均需要以费率的形式计取,包干使用。这种方法计算方便,便于企业统筹和包干使用。其计算公式如下:

$$环境保护费 = 直接工程费 \times 环境保护费费率(\%)$$

其中 $$环境保护费费率(\%) = \frac{本项费用年度平均支出}{全年建安产值 \times 直接工程费占总造价比例(\%)}$$

(二) 文明施工增加费定额

文明施工费是指施工现场文明施工所需要的各项费用。文明施工增加费一般是以直接工程费为计算基数,按年平均需要以费率形式常年计取,包干使用。其计算公式如下:

$$文明施工费 = 直接工程费 \times 文明施工费费率(\%)$$

其中 $$文明施工费费率(\%) = \frac{本项费用年度平均支出}{全年建安产值 \times 直接工程费占总造价比例(\%)}$$

(三) 安全施工费定额

安全施工费是指施工现场安全施工所需要的各项费用。安全施工费一般是以直接工程费为计算基数,按年平均需要以费率形式常年计取,包干使用。其计算公式如下:

$$安全施工费 = 直接工程费 \times 安全施工费费率(\%)$$

其中 $$安全施工费费率(\%) = \frac{本项费用年度平均支出}{全年建安产值 \times 直接工程费占总造价比例(\%)}$$

(四) 临时设施费定额

临时设施费是指施工企业为进行建筑工程施工所必须搭设的生活和生产用的临时建筑物、构筑物和其他临时设施的费用等。

临时设施包括:临时宿舍、文化福利及公用事业,房屋与构筑物,仓库、办公室、加

工厂以及规定范围内道路、水、电、管线等临时设施和小型临时设施。

临时设施费用包括：临时设施的搭设、维修、拆除费或摊销费。

临时设施费计算方法如下：

临时设施费由以下三部分组成：

（1）周转使用临建（如活动房屋）；

（2）一次性使用临建（如简易建筑）；

（3）其他临时设施（如临时管线）。

计算公式如下：

临时设施费 =（周转使用临建费 + 一次性使用临建费）× [1 + 其他临时设施所占比例(%)]

式中（1）周转使用临建费

$$周转使用临建费 = \sum \left[\frac{临建面积 \times 每平方米造价}{使用年限 \times 365 \times 利用率(\%)} \times 工期(d) \right] + 一次性拆除费$$

（2）一次性使用临建费

$$一次性使用临建费 = \sum 临建面积 \times 每平方米造价 \times [1 - 残值率(\%)] + 一次性拆除费$$

（3）其他临时设计在临时设计费中所占比例，可由各地区造价管理部门依据典型施工企业的成本资料经分析后综合测定。

（五）夜间施工增加费定额

夜间施工增加费是指由于设计和施工技术要求和合理的施工进度安排必须连续施工而发生的夜间施工增加的费用。

费用内容包括：

（1）照明设施的安装、拆除和摊销费；

（2）电力消耗费用；

（3）人工工效降低；

（4）机械降效；

（5）夜班津贴费。

计算公式如下：

$$夜间施工增加费 = \left(1 - \frac{合同工期}{定额工期}\right) \times \frac{直接工程费中的人工费合计}{平均日工资单价} \times 每工日夜间施工费开支$$

其中　$每工日夜间施工费开支 = \frac{夜间施工开支额}{夜间施工人数}$

（六）材料二次搬运费定额

材料二次搬运费是指由于施工场地的限制或有障碍物，建筑安装材料、半成品、成品无法直接运输到施工工地，而必须经过二次搬运所增加的费用。

费用内容包括：装卸费、驳运费和材料损耗费。

此项费用的开支与施工组织及管理有密切的关系，一般以费率形式包干使用，有的工程则根据具体情况协商确定，目的是促使施工企业提高施工组织调度和管理水平，降低搬运费用开支。

计算方法：材料二次搬运费一般以直接工程费为计算基数，按年平均需要以费率形式常年计取，包干使用。其计算公式如下：

$$材料二次搬运费 = 直接工程费 \times 材料二次搬运费费率(\%)$$

其中　$$二次搬运费费率(\%) = \frac{年平均二次搬运费开支额}{全年建安产值 \times 直接工程费占总造价的比例(\%)}$$

（七）大型机械设备进出场及安拆费定额

大型机械设备进出场及安拆费是指机械整体或分体自停放场地运至施工现场或由一个施工地点运至另一个施工地点，所发生的机械进出场运输及转移费用及机械在施工现场进行安装、拆卸所需的人工费、材料费、机械费、试运转费和安装所需的辅助设施的费用。

其计算公式如下：

$$大型机械进出场及安拆费 = \frac{一次进出场及安拆费 \times 年平均安拆次数}{年工作台班}$$

（八）混凝土、钢筋混凝土模板及支架费定额

混凝土、钢筋混凝土模板及支架费是指混凝土施工过程中需要的各种钢模板、木模板、支架等的支、拆、运输费用及模板、支架的摊销（或租赁）费用。

计算方法：

混凝土、钢筋混凝土模板及支架费按自有和租赁两种不同情况分别计算，计算公式如下：

（1）自有模板及支架费 = 模板摊销量 × 模板价格 + 支、拆、运输费

其中　模板摊销量 = 一次使用量 ×（1 + 施工损耗）

$$\times \left[\frac{1 +（周转次数 - 1）\times 补损率}{周转次数} - \frac{(1 - 补损率) \times 50\%}{周转次数} \right]$$

（2）租赁模板及支架费 = 模板使用量 × 使用日期 × 租赁价格 + 支、拆、运输费

（九）脚手架费定额

脚手架费是指施工需要的各种脚手架搭、拆、运输费用及脚手架的摊销（或租赁）费用。其计算方法同模板及支架费用，计算公式如下：

（1）自有脚手架搭拆费 = 脚手架摊销量 × 脚手架价格 + 搭、拆、运输费

$$脚手架摊销量 = \frac{单位一次使用量 \times (1 - 残值率)}{耐用期 \div 一次使用期}$$

（2）租赁脚手架费 = 脚手架每日租金 × 搭设周期 + 搭、拆、运输费

（十）已完工程及设备保护费定额

已完成工程及设备保护费是指竣工验收前，对已完成工程及设备进行保护所需费用。计算公式如下：

已完成工程及设备保护费 = 成品保护所需机械费 + 材料费 + 人工费

（十一）施工排水、降水费定额

施工排水、降水费是指为确保工程在正常条件下施工，采取各种排水、降水措施所发生的各种费用。计算公式如下：

排水、降水费 = ∑(排水、降水机械台班费 × 排水降水周期)
　　　　　　＋排水、降水使用材料费、人工费

四、建筑安装工程间接费定额的编制方法

(一) 间接费定额的内容组成

间接费是指企业经营过程中所发生的费用，由规费和企业管理费组成。具体内容如图 7-4 所示。

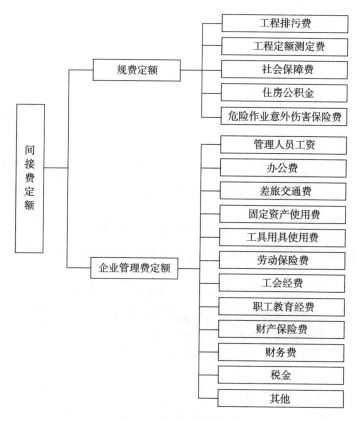

图 7-4　间接费定额组成

1. 规费

规费是指政府和有关权力部门规定必须缴纳的费用（简称规费）。包括：
(1) 工程排污费。指施工现场按规定缴纳的工程排污费。
(2) 工程定额测定费。指按规定支付工程造价（定额）管理部门的定额测定费。
(3) 社会保障费。包括：
1) 养老保险费。指企业按规定标准为职工缴纳的基本养老保险费。
2) 失业保险费。指企业按照国家规定标准为职工缴纳的失业保险费。
3) 医疗保险费。指企业按照规定标准为职工缴纳的基本医疗保险费。
(4) 住房公积金。指企业按规定标准为职工缴纳的住房公积金。

（5）危险作业意外伤害保险费。指按照《建筑法》规定，企业为从事危险作业的建筑安装施工人员支付的意外伤害保险费。

2. 企业管理费

企业管理费指建筑安装企业组织施工生产和经营管理所需费用。内容包括：

（1）管理人员工资。指管理人员的基本工资、工资性补贴、职工福利费、劳动保护费等。

（2）办公费。指企业管理办公用的文具、纸张、账表、印刷、邮电、书报、会议、水电、烧水和集体取暖（包括现场临时宿舍取暖）用煤等费用。

（3）差旅交通费。指职工因公出差、调动工作的差旅费，住勤补助费，市内交通费和误餐补助费，职工探亲费，劳动力招募费，职工离退休、退职一次性路费，工伤人员就医路费，工地转移费以及管理部门使用的交通工具的油料、燃料、养路费及牌照费。

（4）固定资产使用费。指管理和试验部门及附属生产单位使用的属于固定资产的房屋、设备仪器等的折旧、大修、维修或租赁费。

（5）工具用具使用费。指管理使用的不属于固定资产的生产工具、器具、家具、交通工具和检验、试验、测绘、消防用具等的购置、维修和摊销费。

（6）劳动保险费。指由企业支付离退休职工的易地安家补助费、职工退职金、六个月以上的病假人员工资、职工死亡丧葬补助费、抚恤费、按规定支付给离休干部的各项经费。

（7）工会经费。指企业按职工工资总额计提的工会经费。

（8）职工教育经费。指企业为职工学习先进技术和提高文化水平，按职工工资总额计提的费用。

（9）财产保险费。指施工管理用财产、车辆保险。

（10）财务费。指企业为筹集资金而发生的各种费用。

（11）税金。指企业按规定缴纳的房产税、车船使用税、土地使用税、印花税等。

（12）其他。包括技术转让费、技术开发费、业务招待费、绿化费、广告费、公证费、法律顾问费、审计费、咨询费等。

（二）间接费定额的基础数据

间接费定额的各项费用支出受施工因素的影响，首先要合理地确定间接费定额的基础数据指标，这些数据指标包括：

1. 全员劳动生产率

全员劳动生产率是指施工企业的每个成员每年平均完成的建筑、安装工程的货币工作量。全员劳动生产率的计算公式为：

$$全员劳动生产率 = \frac{年度自行完成建筑安装工程工作量}{年平均在册人数}$$

2. 非生产人员比例

非生产人员比例是指非生产人员占施工企业职工总数的比例，非生产人员比例一般应控制在职工总数的20%。非生产人员由以下三部分人员组成：第一部分是在企业管理费项目开支的人员，主要有企业的政工、经济、技术、警卫、后勤人员，这部分的人员占企业职工总数的16%左右；第二部分是在职工福利项目开支的医务、理发和保育人员，这部分人员占企业职工总数的1%左右；第三部分是在材料采购及保管费项目开支的材料采购、保管、管理人员，这部分人员占企业职工总数的3%左右。

3. 全年有效施工天数

全年有效施工天数是指在施工年度内能够用于施工的天数，通常按全年日历天数扣除法定节假日、双休日天数、气候影响平均停工天数、学习开会和执行社会义务天数、婚丧病假天数后的净施工天数计取。各地区的全年有效天数由于气候因素的影响而略有不同，原则上全年有效施工天数不应低于现行定额测算时采用的天数。

4. 工资标准

工资标准是指施工企业建筑安装生产工人的日平均标准工资和工资性质的津贴与非生产人员的日平均标准工资和工资性津贴。工资性津贴主要指房贴、副食补贴、粮食补贴、冬煤补贴和交通补贴等。

5. 间接费年开支额

选择具有代表性的施工企业进行综合分析，确定出建筑安装工人每人平均的间接费开支额。

（三）间接费定额的编制方法

1. 间接费定额的计算基础

间接费定额的计算基础有三种：一种是以直接费为基础，一般适用于包工包料的土建工程；第二种是以人工费为基础，一般适用于包工不包料的土木工程、单独承包的装饰工程、大型土石方工程、吊装工程、安装工程等；第三种是以人工费和机械费合计为计算基础。

2. 间接费定额的计算公式

间接费的计算方法按取费基数的不同分为以下三种：

（1）以直接费为计算基础

$$间接费 = 直接费合计 \times 间接费费率(\%)$$

（2）以人工费为计算基础

$$间接费 = 人工费合计 \times 间接费费率(\%)$$

（3）以人工费和机械费合计

$$间接费 = 人工费和机械费合计 \times 间接费费率(\%)$$

3. 间接费费率的计算公式

$$间接费费率(\%) = 规费费率(\%) + 企业管理费费率(\%)$$

式中 （1）规费费率

规费费率的计算公式：

1）以直接费为计算基础

$$规费费率(\%) = \frac{\sum 规费缴纳标准 \times 每万元发承包价计算基数}{每万元发承包价中的人工费含量} \times 人工费占直接费的比例(\%)$$

2）以人工费为计算基础

$$规费费率(\%) = \frac{\sum 规费缴纳标准 \times 每万元发承包价计算基数}{每万元发承包价中的人工费含量} \times 100\%$$

3) 以人工费和机械费合计为计算基础

$$规费费率(\%) = \frac{\sum 规费缴纳标准 \times 每万元发承包价计算基数}{每万元发承包价中的人工费含量和机械费含量} \times 100\%$$

(2) 企业管理费费率

企业管理费费率计算公式：

1) 以直接费为计算基础

$$企业管理费费率(\%) = \frac{生产工人年平均管理费}{年有效施工天数 \times 人工单价} \times 人工费占直接费比例(\%)$$

2) 以人工费为计算基础

$$企业管理费费率(\%) = \frac{生产工人年平均管理费}{年有效施工天数 \times 人工单价} \times 100\%$$

3) 以人工费和机械费合计为计算基础

$$企业管理费费率(\%) = \frac{生产工人年平均管理费}{年有效施工天数 \times (人工单价 + 每一工日机械使用费)} \times 100\%$$

例7-1 某施工企业全员人数为5000人，非生产人员占全员人数的20%，全年企业管理费开支620万元，生产人员日平均工资为20元，年有效施工天数为230天，测得人工费占直接工程费的比例为10%，试求按不同计算基础的企业管理费费率。

解（1）以直接工程费为计算基数的企业管理费费率：

$$企业管理费费率定额(\%) = \frac{6200000/(5000 \times 80\%)}{230 \times 20} \times 10\% \times 100\% = 3.37\%$$

（2）以人工费为计算基数的企业管理费费率：

$$企业管理费费率定额(\%) = \frac{6200000/(5000 \times 80\%)}{230 \times 20} \times 100\% = 33.7\%$$

五、利润和税金定额

（一）利润

利润是指按规定应计入建筑安装工程造价的费用。实际上利润是施工企业按照国家规定（指导）的利润率，向建设单位计取的费用，作为企业的盈利。

按现行规定，根据不同承包方式，利润计算基数有三种：一是以分项直接工程费与间接费之和为基数；二是以分项直接工程费中的人工费和机械费之和为基数；三是以分项直接工程费中的人工费为计算基数。利润应依据不同投资来源或工程类别，实施差别利润率。国家规定的利润率均属于指导性的，施工企业可依据本企业的经营管理素质和市场供求状况，在规定的利润范围内，自行确定本企业的利润水平。

（二）税金

建筑安装工程税金是指国家税法规定的应计入建筑安装工程造价内的营业税、城乡维护建设税及教育费附加。

1. 营业税

营业税按营业额乘以营业税税率确定。建筑安装企业营业税税率为3%。计算公式为：

$$应纳营业税 = 营业额 \times 3\%$$

营业额是指从事建筑、安装、修缮、装饰及其他工程作业取得的全部收入，还包括建筑、修缮、装饰工程所用原材料及其他物资和动力的价款。当安装的设备价值作为安装工程产值时，亦包括所安装设备的价款。但建筑安装工程总承包方将工程分包或转包给他人的，其营业额中不包括付给分包或转包方的价款。

2. 城乡维护建设税

城乡维护建设税原名城市维护建设税。它是国家为了加强城乡的维护建设，稳定和扩大城市、乡镇维护建设的资金来源，而对有经营收入的单位和个人征收的一种税。对于施工企业来讲，城乡维护建设税的计税依据为营业税，纳税人所在地为市区的，按营业税的7%征收；所在地为县城、镇的，按营业税的5%征收；所在地为农村的，按营业税的1%征收。

3. 教育费附加

教育费附加按营业税额的3%确定。建筑安装企业的教育费附加要与其营业税同时缴纳，即使办有职工子弟学校的建筑安装企业，也应当先缴纳教育费附加，教育部门可根据企业的办学情况，酌情返还给办学单位，作为对办学经费的补助。

税金计算公式：

$$税金 = (直接费 + 间接费 + 利润) \times 税率(\%)$$

式中 税率

（1）纳税地点在市区的企业

$$税率(\%) = \frac{1}{1 - 3\% - (3\% \times 7\%) - (3\% \times 3\%)} - 1 = 3.41\%$$

（2）纳税地点在县城、镇的企业

$$税率(\%) = \frac{1}{1 - 3\% - (3\% \times 5\%) - (3\% \times 3\%)} - 1 = 3.35\%$$

（3）纳税地点不在市区、县城、镇的企业

$$税率(\%) = \frac{1}{1 - 3\% - (3\% \times 1\%) - (3\% \times 3\%)} - 1 = 3.22\%$$

例 7-2 某市一工程，以直接费为计算基础，已知该工程直接工程费为1000万元，措施费为200万元，间接费费率为12%，利润率为5%。试求该工程的含税造价。

解 （1）计算直接费

直接费 = 直接工程费 + 措施费 = 1000 + 200 = 1200 万元

（2）计算间接费

由题意知该工程是以直接费为计算基础的。

间接费 = 直接费 × 间接费费率 = 1200 × 12% = 144 万元

（3）计算利润

利润 = (直接费 + 间接费) × 费率 = (1200 + 144) × 5% = 67.2 万元

（4）计算税金

税金 = (直接费 + 间接费 + 利润) × 税率 = (1200 + 144 + 67.2) × 3.41% = 48.12 万元

（5）计算含税造价

含税造价 = 直接费 + 间接费 + 利润 + 税金 = 1200 + 144 + 67.2 + 48.12 = 1459.32 万元

第三节 工程建设其他费用定额

一、工程建设其他费用定额组成

工程建设其他费用定额是指从工程筹建起到工程竣工验收交付使用的整个建设期间，除了建筑安装工程费用和设备、工器具购置费以外的，为保证工程建设顺利完成和交付使用后能够正常发挥效用而发生的各项费用开支的标准。长期以来，一直采用定性与定量相结合的方式，由主管部门制定工程建设其他费用标准的编制方法，为合理确定工程造价提供依据。工程建设其他费用定额经批准后对建设项目实施全过程费用控制。工程建设其他费用定额包括土地使用费、与项目建设有关的其他费用和与未来生产经营有关的其他费用，如图7-5所示。

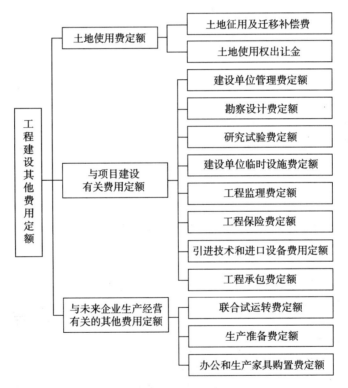

图7-5 工程建设其他费用定额

二、工程建设其他费用定额的编制原则

工程建设其他费用定额的编制应贯彻细算粗编、不留活口的原则，以利于实行费用包干。

国务院各有关部门、各省、自治区、直辖市应根据规定编制各项费用的具体标准，一般不应增加新的费用项目。对项目所包含的内容也不要随意增加。对其中个别费用项目在本地区、本部门不发生的不应列入计划。

三、工程建设其他费用定额的编制方法

工程建设其他费用定额是由国家或主管部门、省、市、自治区规定的确定和开支各项其他费用的定额。它是管理和控制工程建设中其他费用开支的基本依据和重要手段，是编制工程建设概预算时计算工程建设其他费用的直接基础。

工程建设其他费用中的每一项都是独立的费用项目，标准的编制和表现形式也都不尽相同。应该按照国家统一规定的编制原则、费用内容、项目划分和计算方法，分别由国家各有关归口管理部门和各省、市、自治区依照行业特点和工程的具体情况，在编制概预算时，按照发生的计列、不发生的不列的原则进行编制和管理。

工程建设其他费用，按其内容大体可分为三类：第一类指土地使用费；第二类指与工程建设有关的其他费用；第三类指与未来生产经营有关的其他费用。

（一）土地使用费定额

土地使用费是指通过划拨方式取得土地使用权而支付的土地征用及迁移补偿费，或者通过土地使用权出让的方式取得土地使用权而支付的土地使用权出让金。

1. 土地征用及迁移补偿费

指建设项目通过划拨方式取得无限期的土地使用权，依照《中华人民共和国土地管理法》等规定所支付的费用。其总和一般不得超过被征土地年产值的30倍，土地年产值则按该土地被征用前三年的平均产量和国家规定的价格计算。其内容包括：

（1）土地补偿费。征用耕地（包括菜地）的补偿标准，按政府规定，为该耕地年产值的若干倍，具体补偿标准由省、自治区、直辖市人民政府在此范围内制定。征用园地、鱼塘、藕塘、苇塘、宅基地、林地、牧场、草原等的补偿标准，由省、自治区、直辖市人民政府制定。征收无收益的土地，不予补偿。

（2）青苗补偿费和被征用土地上的房屋、水井、树木等附着物补偿费。这些补偿费的标准由省、自治区、直辖市人民政府制定。征用城市郊区的菜地时，还应按照有关规定向国家缴纳新菜地开发建设基金。

（3）安置补助费。征用耕地、菜地的，每个农业人口的安置补助费为该地每亩年产值的4~6倍，每亩耕地的安置补助费最高不得超过其被征用前三年平均产值的15倍。

（4）缴纳的耕地占用税或城镇土地使用税、土地登记费及征地管理费等。县市土地管理机关从征地费中提取土地管理费的比例，要按征地工作量大小，视不同情况，在1%~4%的幅度内提取。

（5）征地动迁费。包括征用土地上的房屋及附属构筑物、城市公共设施等拆除、迁建补偿费、搬迁运输费，企业单位因搬迁造成的减产、停工损失补贴费，拆迁管理费等。

（6）水利水电工程水库淹没处理补偿费。包括农村移民安置迁建费，城市迁建补偿费，库区工矿企业、交通、电力、通信、广播、管网、水利等的恢复、迁建补偿费，库底清理费，防护工程费，环境影响补偿费用等。

2. 土地使用权出让金

土地使用权出让金，指建设项目通过土地使用权出让方式，取得有限期的土地使用权，依照《中华人民共和国城镇国有土地使用权出让和转让暂行条例》规定，支付的土地使用权出让金。

(1) 明确国家是城市土地的唯一所有者，并分层次、有偿、有期限地出让、转让城市土地。第一层次是城市政府将国有土地使用权出让给用地者，该层次由城市政府垄断经营。出让对象可以是有法人资格的企事业单位，也可以是外商。第二层次及以下一层次的转让则发生在使用者之间。

(2) 城市土地的出让和转让可采用协议、招标、公开拍卖等方式。

1) 协议方式是用地单位申请，经市政府批准同意后双方洽谈具体地块及地价。该方式适用于市政工程、公益事业用地以及需要减免地价的机关、部队用地和需要重点扶持、优先发展的产业用地。

2) 招标方式是在规定的期限内，由用地单位以书面形式投标，市政府根据投标报价所提供的规划方案以及企业信誉综合考虑，择优而取。该方式适用于一般工程建设用地。

3) 公开拍卖是指在指定的地点和时间，由申请用地者叫价应价，价高者得。这完全由市场竞争决定，适用于盈利高的行业用地。

表 7-1 是某省建设用地收费项目表。

某省建设用地收费项目表　　　　　　　　　　　　　　　　表 7-1

费用项目	征用划拨	借用	出让	备注
1. 土地补偿费	√	√		限征借地
2. 青苗补偿费	√	√		
3. 附着物补偿费	√	√		
4. 安置补助费	√			限征地
5. 耕地占用税	√			
6. 造地费	√			限耕地
7. 新菜地开发建设基金	√			限耕地
8. 复垦费		√		限固定蔬菜基地
9. 水利建设专项资金	√			
10. 城镇土地使用税	√			限耕地
11. 三资企业建设用地开发费和使用费	√			限内资企业
12. 土地出让金与使用费			√	限三资企业
13. 土地管理及其他费用	√	√		

(二) 与项目建设有关的其他费用定额

根据项目的不同，与项目建设有关的其他费用的构成也不尽相同。一般包括以下费用项目，在编制工程投资估算及概算中可根据实际情况进行计算。

1. 建设单位管理费

建设单位管理费是指建设项目从立项、筹建、建设、联合试运转、竣工验收、交付使用及后评估等全过程管理所需的费用。

内容包括：

(1) 建设单位开办费。指新建项目为保证筹建和建设工作正常进行所需办公设备、生活家具、用具、交通工具等购置费用。

（2）建设单位经费。包括工作人员的基本工资、工资性补贴、职工福利费、劳动保护费、办公费、差旅交通费、工会经费、职工教育经费、固定资产使用费、工具用具使用费、技术图书资料费、生产人员招募费、工程招标费、合同契约公证费、工程质量监督检测费、工程咨询费、法律顾问费、审计费、业务招待费、排污费、竣工交付使用清理及竣工验收费、后评估等费用。不包括应计入设备、材料预算价格的建设单位采购及保管设备材料所需的费用。

计算方法：

$$建设单位管理费 = 单项工程费用 \times 管理费费率$$

其中　　单项工程费用 = 设备及工器具购置费 + 建筑安装工程费用

管理费费率按建设项目的不同及投资规模可按表 7-2 计算。

建设单位管理费指标　　表 7-2

序 号	建设总投资（万元）	计算基础	费用指标（%）
1	500 以下	工程费用	3.0
2	501～1000	工程费用	2.7
3	1001～5000	工程费用	2.4
4	5001～10000	工程费用	2.1
5	10001～50000	工程费用	1.8
6	50000 以上	工程费用	1.5

备注：改、扩建项目可按不超过新建项目指标的 60% 计算。

2. 勘察设计费

勘察设计费是指为本建设项目提供项目建议书、可行性研究报告及设计文件等所需费用。

内容包括：

（1）编制项目建议书、可行性研究报告及投资估算、工程咨询、评价以及为编制上述文件所进行的勘察、设计、研究试验等所需费用。

（2）委托勘察、设计单位进行初步设计、施工图设计及概预算编制等所需费用。

（3）在规定范围内由建设单位自行完成的勘察、设计工作所需费用。

计算方法：

（1）项目建议书、可行性研究报告：按国家或省市颁布的标准计算。

（2）设计费：按国家颁布的工程项目设计收费标准计算。

（3）勘察费 = 建筑面积 × 取费标准

式中　取费标准——一般民用建筑 6 层以下：$3 \sim 5$ 元$/m^2$；

　　　　　　　　高层建筑：$8 \sim 10$ 元$/m^2$；

　　　　　　　　工业建筑：$10 \sim 12$ 元$/m^2$。

3. 研究试验费

研究试验费是指为建设项目提供和验证设计参数、数据、资料等所进行的必要的试验费用以及设计规定在施工中必须进行试验、验证所需费用。包括自行或委托其他部门研究试验所需人工费、材料费、实验设备及仪器使用费等。这项费用按照设计单位根据本工程项目的需要提出的研究试验内容和要求计算。

4. 建设单位临时设施费

建设单位临时设施费是指建设期间建设单位所需临时设施的搭设、维修、摊销费用或租赁费用。临时设施包括临时宿舍、文化福利及公用事业房屋与构筑物、仓库、办公室、加工厂以及规定范围内的道路、水、电、管线等临时设施和小型临时设施。

计算方法：

$$建筑单位临时设施费 = 单项工程费 \times 临时设施费费率$$

5. 工程监理费

工程监理费是指建设单位委托工程监理单位对工程实施监理工作所需费用。根据国家或省市颁布的收取标准，选择下列方法之一计算：

（1）工程监理费 = 监理工程概预算工程造价 × 收费标准

此方法适用于一般工业与民用建筑工程的监理。

式中 工程监理费收费标准见表7-3。

工程建设监理收费标准　　　　　　　　　表7-3

序　号	工程概（预）算造价（万元）	施工（含施工招标）及保修阶段监理取费（%）
1	≤500	>2.50
2	500~1000	2.00~2.50
3	1000~5000	1.40~2.00
4	5000~10000	1.20~1.40
5	10000~50000	0.80~1.20
6	50000~100000	0.60~0.80
7	>100000	≤0.60

（2）工程监理费 = 监理的年平均人数 × [3.5~5万元/(人·年)]

此方法适用于单工种或临时性项目的监理。

（3）不宜按（1）、（2）两种办法计收的，由业主和监理单位按商定的其他办法计收。

6. 工程保险费

工程保险费是指建设项目在建设期间根据需要，实施工程保险所需的费用。包括以各种建筑工程及其在施工过程中的物料、机器设备为保险标的的建筑工程一切险，以安装工程中的各种机器、机械设备为保险标的的安装工程一切险，以及机器损坏保险等。

费用计算方法：

$$工程保险费 = 建筑工程费 \times 工程保险费费率$$

式中　工程保险费费率——参见表7-4。

建筑安装工程保险费率　　　　　　　　　　　　　　　表 7-4

序 号	工程名称	保险费率（%）
1	建筑工程	
1.1	民用建筑	
	住宅楼、综合性大楼、商场、旅馆、医院、学校等	2~4
1.2	其他建筑	
	工业厂房、仓库、道路、码头、水坝、隧道、桥梁、管道等	3~6
2	安装工程	
	农业、工业、机械、电子、电器、纺织、矿山、石油、化学及钢铁工业、钢结构桥梁	3~6

7. 引进技术和进口设备其他费用

引进技术及进口设备其他费用，包括出国人员费用、国外工程技术人员来华费用、技术引进费、分期或延期付款利息、担保费以及进口设备检验鉴定费。

这项费用按国家有关规定计算。

8. 工程承包费

工程承包费是指具有总承包条件的工程公司，对工程建设项目从开始建设至竣工投产全过程的总承包所需的管理费用。具体内容包括组织勘察设计、设备材料采购、非标设备设计制造与销售、施工招标、发包、工程预决算、项目管理、施工质量监督、隐蔽工程检查、验收和试车直至竣工投产的各种管理费用。该费用按国家主管部门或省、自治区、直辖市协调规定的工程总承包费取费标准计算。如无规定时，可按以下计算方式计算：

$$工程承包费 = 项目投资估算造价 \times 费率$$

式中　费率——民用建筑取 4%~6%；工业建筑取 6%~8%；市政工程取 4%~6%。

注意：不实行工程承包的项目不计算本项费用。

（三）与未来企业生产经营有关的其他费用

1. 联合试运转费

联合试运转费是指新建企业或新增加生产工艺过程的扩建企业在竣工验收前，按照设计规定的工程质量标准，进行整个车间的负荷或无负荷联合试运转发生的费用支出大于试运转收入的亏损部分。

费用包括内容：

（1）试运转所需的原料、燃料、油料和动力的费用，机械使用费用；

（2）试运转所需的低值易耗品及其他物品的购置费用；

（3）施工单位参加联合试运转人员的工资等。

计取方法：

$$联合试运转费 = 试运转车间的工艺设备购置费 \times 费率$$

式中　费率——按有关规定计取。

注意：该项费用不包括应由设备安装工程费用项目开支的单台设备调试费及试车费用。

2. 生产准备费

生产准备费是指新建企业或新增生产能力的企业，为保证竣工交付使用进行必要的生产准备发生的费用。

包括内容：

（1）生产人员培训费，包括自行培训、委托其他单位培训的人员的工资、工资性补贴、职工福利费、差旅交通费、学习资料费、学习费、劳动保护费等。

（2）生产单位提前进厂参加施工、设备安装、调试等以及熟悉工艺流程及设备性能等人员的工资、工资性补贴、职工福利费、差旅交通费、劳动保护费等。

计取方法：

生产准备费一般根据需要培训和提前进厂人员的人数、培训时间，按生产准备费指标进行估算。生产准备费指标可参照表7-5。

生产准备费指标   表7-5

序号	费用名称	计算基础	费用指标	
			内 培	外 培
1	职工培训费	培训人数	300~500元/（人·月）	600~1000元/（人·月）
2	提前进厂费	提前进厂人数	6000~10000元/（人·年）	

3. 办公和生活家具购置费

生产和生活家具购置费是指为保证新建、改建、扩建项目初期正常生产、使用和管理所必须购置的办公和生活家具、用具的费用。其范围包括办公室、会议室、资料档案室、阅览室、文娱室、食堂、浴室、理发室、单身宿舍和设计规定必须建设的托儿所、卫生所、招待所、中小学校等家具用具购置费。这项费用按照设计定员人数乘以办公及生活家具综合指标计算，其综合指标可参照表7-6。

办公及生活家具综合费用指标   表7-6

序 号	设计定员（人）	费用指标（元/人）	
		新 建	改、扩建
1	1500 以内	850~1000	500~600
2	1501~3000	750~850	450~500
3	3001~5000	650~750	400~450
4	5000 以上	<650	<400

思 考 题

1. 建设工程费用如何构成？
2. 建筑安装工程费用如何构成？
3. 什么是建筑安装工程费用定额？
4. 建筑安装工程费用定额由哪些内容组成？
5. 建筑安装工程费用定额的编制原则是什么？
6. 建筑安装工程措施费定额主要有哪些项目，它们各自的内容及编制方法是什么？

7. 什么是间接费定额？间接费定额由哪些具体内容组成？
8. 间接费定额的基础数据包括哪些？
9. 间接费定额编制按不同计算基础有哪几种方法，它们的计算公式是什么，各适用于什么工程？
10. 规费费率有哪几种计算方法，在规费计算中需确定哪些数据？
11. 某企业全员人数50000人，非生产人员占20%，全年企业管理费开支600万元，生产人员日平均工资20元，年有效施工天数为230d，测得人工费占直接工程费的比例为9%。试分别计算按直接工程费和人工费为计算基础的间接费费率各为多少？
12. 利润计算有哪几种不同方法？
13. 税金包括哪些内容，根据不同工程所在地写出税率计算公式。
14. 什么是工程建设其他费用定额，它主要包括哪些内容？
15. 工程建设其他费用定额的编制原则是什么？
16. 工程建设其他费用定额有哪些特点？
17. 试述工程建设其他费用定额的编制方法。
18. 建设单位管理费包括哪些内容，其计算基数是什么？
19. 工程监理费一般有几种计取方法，各适用于什么工程？
20. 土地使用费主要包括哪几种方式，它们各自包括哪些内容？
21. 城市土地的出让和转让可采用哪几种方式，各适用于什么用地？
22. 某项目总费用为5000万元，其中单项工程费用是3500万元，设备购置及安装单位工程费是1350万元，联合试运转费率为1.2%。试计算该项目联合试运转费用。
23. 某市一建筑公司承建该市一办公楼，工程不含税造价为2000万元。求该施工企业应缴纳的营业税。
24. 某施工企业环境保护费年度平均支出300万元，全年的建安产值10000万元，直接工程费占总造价的比例为75%。现该企业承包某工程的直接工程费预计2000万元，其中：人工费400万元，机械费200万元。试计算该工程可计提环境保护费。

第八章 工期定额

第一节 概 述

一、工期定额的概念

工期定额是指在一定的经济和社会条件下,在一定时期内建设行政主管部门制定并发布的工程项目建设消耗的时间标准。工程质量、工程进度、工程造价是工程项目管理的三大目标,而工程进度的控制就必须依据工期定额,它是具体指导工程建设项目工期的法律性文件。

工期定额是为各类工程项目规定的施工期限的定额天数,包括建设工期定额和施工工期定额两个层次。

(一)建设工期定额

建设工期定额一般指建设项目中构成固定资产的单项工程、单位工程从正式破土动工至按设计文件建成,能施工验收交付使用过程所需要的时间标准。

(二)施工工期定额

施工工期定额是指单项工程从基础破土动工(或自然地坪打基础桩)起至完成建筑安装工程施工全部内容,并达到国家验收标准之日止的全过程所需的日历天数。工期定额以日历天数为计量单位,而不是有效工作天数,也不是法定工作天数。具体开始施工的日期:

(1)没有桩基础的工程以正式破土挖槽为准。

(2)有桩基础的工程,以自然地坪打正式桩为准。

注意:以下情况不能算正式开工日期:

1)在单项工程正式开始施工以前的各项准备工作,如平整场地,地上地下障碍物的处理,定位放线等。

2)在自然地坪打试验桩、打护坡桩。

二、工期定额的作用

(一)工期定额是编制招标文件的依据

工期在招标文件中是主要内容之一,是业主对拟建工程时间上的期望值。而合理的工期是根据工期定额来确定的。

(二)工期定额是签订建筑安装工程施工合同、确定合理工期的基础

建设单位与施工安装单位双方在签订合同时可以是定额工期,也可以与定额工期不一致。因为确定工期的条件、施工方案不同都会影响工期。工期定额是按社会平均建设管理水平、施工装备水平和正常建设条件来制定的,它是确定合理工期的基础,合同工期一般围绕定额工期上下波动来确定。

（三）工期定额是施工企业编制施工组织设计，确定投标工期，安排施工进度的参考依据

（四）工期定额是施工企业进行施工索赔的基础。

（五）工期定额是工程工期提前时，计算赶工措施费的基础。

三、工期定额编制原则

（一）合理性与差异性原则

工期定额从有利于国家宏观调控，有利于市场竞争以及当前工程设计、施工和管理的实际出发，既要坚持定额水平的合理性，又要考虑各地区的自然条件等差异对工期的影响。

（二）地区类别划分的原则

由于我国幅员辽阔，各地自然条件差别较大，同类工程在不同地区的实物工程量和所采用的建筑机械设备等存在差异，所需的施工工期也就不同。为此新定额按各省省会所在地近十年的平均气温和最低气温，将全国划分为Ⅰ、Ⅱ、Ⅲ类地区。

Ⅰ类地区：省会所在地近十年平均气温15℃以上，最冷月份平均气温在0℃以上，全年日平均气温等于（或小于）5℃的天数在90d以内的地区。主要包括上海、江苏、浙江、安徽、福建、江西、湖北、湖南、广东、四川、云南、重庆、海南、广西、贵州。

Ⅱ类地区：省会所在地近十年平均气温8~15℃，最冷月份平均气温在-10~0℃之间，全年日平均气温等于（或小于）5℃的天数在90~150d之间的地区。主要包括北京、天津、河北、山西、山东、河南、陕西、甘肃、宁夏。

Ⅲ类地区：省会所在地近十年平均气温8℃以下，最冷月份平均气温在-11℃以下，全年日平均气温等于（或小于）5℃的天数在150d以上的地区。主要包括内蒙古、辽宁、吉林、黑龙江、西藏、青海、新疆。

（三）定额水平应遵循平均、先进、合理的原则

确定工期定额水平，应从正常的施工条件、多数施工企业装备程度、合理的施工组织、劳动组织和社会平均时间消耗水平的实际出发，又要考虑近年来设计、施工技术进步情况，确定合理工期。

（四）定额结构要做到简明适用

定额的编制要遵循社会主义市场经济原则，从有利于建立全国统一市场，有利于市场竞争出发，简明适用，规范建筑安装工程工期的计算。

四、工期定额编制依据和步骤

（一）编制依据

(1) 国家的有关法律、法规及工时制实施办法。

(2) 原城乡建设环境保护部1985年发布的《建筑安装工程工期定额》。

(3) 建设部关于修编工期定额的文件：建标［1998］10号文件《关于修订建安工程工期定额的通知》。

(4) 现行建筑安装工程劳动定额基础定额。

(5) 现行建筑安装工程设计标准、施工验收规范、安装操作规程、质量评定标准。

(6) 已完工程合同工期、实际工期等调研资料。

(7) 部分省、自治区、直辖市修订工期定额的调研、测算资料。
(8) 其他有关资料。

(二) 编制步骤

工期定额的编制大致分为三个阶段：即确定编制原则和项目划分，确定定额水平，报送审稿，如图8-1所示。

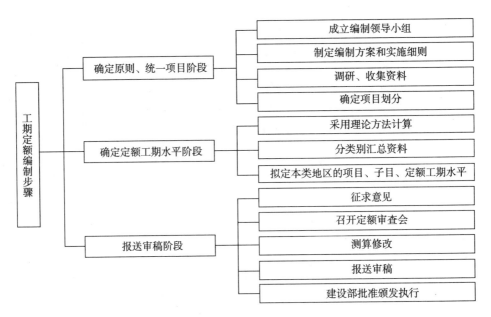

图8-1 工期定额编制步骤

五、影响工期定额确定的主要因素

(一) 时间因素

春、夏、秋、冬开工时间不同对施工工期有一定的影响，冬季开始施工的工程，有效工作天数相对较少，施工费用较高，工期也较长。春、夏季开工的项目可赶在冬天到来之前完成主体，冬天则进行辅助工程和室内工程施工，可以缩短建设工期。

(二) 空间因素

空间因素也就是地区不同的因素。如北方地区冬季较长，南方则较短些，南方雨量较多，而北方则较少些。一般将全国划分为Ⅰ、Ⅱ、Ⅲ类地区。

(三) 施工对象因素

是指结构、层数、面积不同对工期的影响。在工程项目建设中，同一规模的建筑由于其结构形式不同，如采用钢结构、预制结构、现浇结构或砖混结构，其工期不同。

同一结构的建筑，由于其层数、面积的不同，工期也不相同。

(四) 施工方法因素

机械化、工厂化施工程度不同，也影响着工期的长短。机械化水平较高时，相应的工期会缩短。

(五) 资金使用和物资供应方式的因素

一个建设项目批准后，其资金使用方式和物资供应方式是不同的，因而对工期也将产生不同和影响。政府投资建设的工程，由于资金提供的时间和数量的不同，而对建设工程带来不同的影响。资金提供及时，项目能顺利进行，否则就会拖延工期。自筹资金项目在发生资金筹措困难时，或在资金提供拖延时，将直接延缓建设工期。

六、工期定额编制的方法

(一) 网络法，也称关键线路法 (CPM)

运用网络技术，建立网络模型，揭示建设项目在各种因素的影响下，建设过程中工程或工序之间相互连接、平行交叉的逻辑关系，通过优化确定合理的建设工期。

(二) 评审技术法 (PERT)

对于不确定的因素较多、分项工程较复杂的工程项目，主要是根据实际经验，结合工程实际，估计某一项目最大可能完成时间，最乐观、最悲观可能完成时间，用经验公式求出建设工期，通过评审技术法，可以将一个非确定性的问题，转化为一个确定性的问题，达到了取得一合理工期的目的。

(三) 曲线回归法

通过对单项工程的调查整理、分析处理，找出一个或几个与工程密切相关的参数与工期，建立平面直角坐标系，再把调查来的数据经过处理后反映在坐标系内，运用数学回归的原理，求出所需要的数据，用以确定建设工期。

(四) 专家评估法（德尔菲法）

给工期预测的专家发调查表，用书面方式联系。根据专家的数据，进行综合、整理后，再匿名反馈给各专家，请专家再提出工期预测意见。经多次反复与循环，使意见趋于一致，作为工期定额的依据。

第二节 建筑安装工期定额应用

1985 年中华人民共和国城乡环境保护部颁发了《建筑安装工程工期定额》。该定额执行以来，对加强建筑企业的生产经营管理、缩短施工工期、提高经济效益等方面，起到积极作用。近年来，随着科学技术的不断进步、管理水平的提高，该定额已经难以适应当前建设市场的需要。自 1998 年开始，建设部标准定额司组织部分省市造价管理总站，对 1985 年编制的工期定额进行了修订，并于 2000 年修订完成，自 2000 年 2 月 16 日起在全国颁发施行。

一、现行《全国统一建筑安装工程工期定额》（2000 年版）适用范围

本定额（以下简称《工期定额》）适用于民用与一般工业建筑的新建、扩建工程以及整体更新改造的装修工程。

二、工期定额的基本内容

(一) 章节划分

本定额总共有六章，根据工程类别，定额又分为三大部分：第一部分民用建筑工程，第二部分工业及其他建筑工程；第三部分专业工程。共列有 3532 个项目。工期定额的章、节、项目划分见表 8-1。

工期定额章节划分表　　　表 8-1

部 分	章 号	各章名称	项 目
第一部分 民用建筑工程	一	单项工程	1520
	二	单位工程	424
第二部分 工业及其他建筑工程	三	工业建筑工程	561
	四	其他建筑工程	323
第三部分 专业工程	五	设备安装工程	166
	六	机械施工工程	538
总 计			3532

（二）民用建筑工程定额基本结构和内容

民用建筑工程中，包括第一章单项工程和第二章单位工程。

1. 民用建筑工程单项工程定额基本结构和内容

民用建筑工程单项工程包括±0.000m 以下工程、±0.000m 以上工程、影剧院和体育馆工程，其结构和内容如图 8-2 所示。

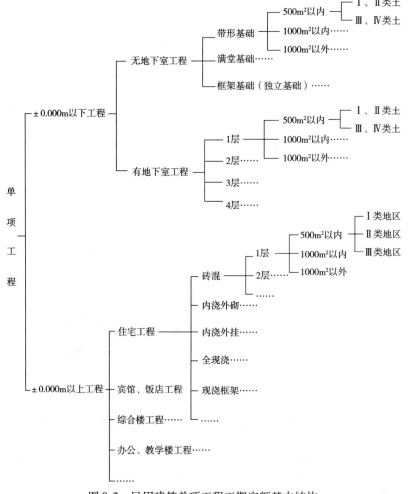

图 8-2　民用建筑单项工程工期定额基本结构

2. 民用建筑工程单位工期定额基本结构和内容

民用建筑工程单位工程包括结构工程和装修工程，其基本结构如图8-3所示。

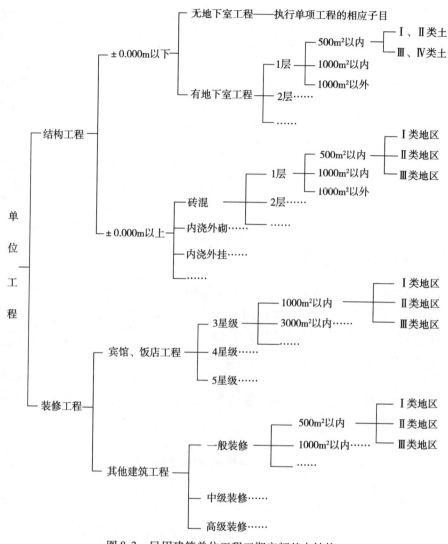

图8-3 民用建筑单位工程工期定额基本结构

（三）工业及其他建筑工程工期定额基本结构和内容

第二部分工业及其他建筑工程中，包括第三章工业建筑工程和第四章其他建筑工程。

1. 工业建筑工程工期定额的基本内容

工业建筑工程工期定额的基本内容主要包括单层、多层厂房、降压站、冷冻机房、冷库、冷藏间、空压机房等工业建筑。工程工期指一个单项工程（土建、安装、装修等）的工期，其中土建包括基础和主体结构。

2. 其他建筑工程工期定额的基本内容

其他建筑工程工期定额的基本内容包括地下汽车库、汽车库、仓库、独立地下工程、服务用房、停车场、园林庭院和构筑物工程等。地下车库为独立的地下车库工程工期。

（四）专业工程基本内容

在第三部分专业工程中，包括第五章设备安装工程和第六章机械施工工程。

1. 设备安装工程

该工程适用于民用建筑设备安装和一般工业厂房的设备安装工程，包括电梯、起重机、锅炉、供热交换设备、空调设备、通风空调、变电室、开关所、降压站、发电机房、肉联厂屠宰间、冷冻机房冷冻冷藏间、空压站、自动电话交换机及金属容器等安装工程。

本章工期从土建交付安装并具备连续施工条件起，至完成承担的全部设计内容，并达到国家建筑安装工程验收标准的全部日历天数。室外设备安装工程中的气密性试验、压力试验，如受气候影响，应事先征得建设单位同意后，工期可以顺延。

2. 机械施工工程

具体包括构件吊装、网架吊装、机械土方、机械打桩、钻孔灌注桩和人工挖孔桩等工程，而且是以各种不同施工机械综合考虑的，对使用的任何机械种类，均不作调整。构件吊装工程（网架除外）包括柱子、屋架、梁、板、天窗架、支撑、楼梯、阳台等构件的现场搬运、就位、拼装、吊装、焊接等。不包括钢筋张拉、孔道灌浆和开工前的准备工作。

三、民用建筑工程工期定额应用

施工工期定额包括民用建筑工程、工业及其他建筑工程、专业工程三大部分，本书主要介绍民用建筑工程施工工期定额的应用。

（一）单项工程工期与单位工程工期的区别

1. 单项工程工期

单项工程工期是指由一个施工企业承担基础、结构、装修及安装等全部工程所需的工期。除单项工程本身以外，还包括室外管线累计长度在100m以内，道路、停车场的面积在500m^2以内的工期。

2. 单位工程工期

单位工程工期是指一个施工企业单独承包±0.000m以下工程、结构工程或装修工程所需的工期。

（二）民用建筑工程工期包括的内容（图8-4）

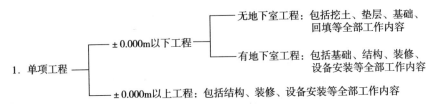

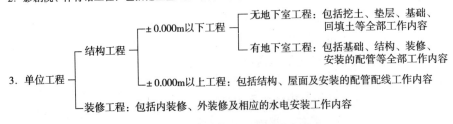

图8-4 民用建筑工程工期包括的内容

（三）工期定额表现形式

1. 单项工程表现形式

单项工程工期定额表现形式主要与下列因素有关：

（1）工程使用功能。主要指本工程属于住宅、饭店、综合楼等。

（2）结构类型。主要指砖混、全现浇、框架等。

（3）层数。

（4）建筑面积。根据计算，建筑面积分 $500m^2$ 以内、$1000m^2$ 以内、$1000m^2$ 以外等。

（5）地区类别。分Ⅰ、Ⅱ、Ⅲ类。

2. 单位工程结构工程表现形式

单位工程结构工程工期定额表现形式主要与下列因素有关：

（1）结构类型。

（2）层数。

（3）建筑高度。

（4）地区类别。

3. 单位工程装修工程表现形式

单位工程装修工程工期定额主要与下列因素有关：

（1）使用功能。主要指宾馆、饭店、其他建筑工程等。

（2）装修标准。主要指星级、一般、中级、高级等。

（3）建筑面积。

（4）地区类别。

四、民用建筑工程工期计算的一般方法

1. ±0.000m 以下工程（分两种情况）

（1）无地下室工程：按首层建筑面积计算。

（2）有地下室工程：按地下室建筑面积总和计算。

注意：对半地下室工程，以半地下室顶板上表面积为界。半地下室工程按 ±0.000m 以下工程的规定计算工期。

2. ±0.000m 以上工程

按 ±0.000m 以上部分建筑面积总和计算。

3. 工程总工期

按 ±0.000m 以下与 ±0.000m 以上工期之和计算。

4. 影剧院、体育馆工程

不分 ±0.000m 以下与 ±0.000m 以上，按整体建筑面积之和计算。

5. 装修工程工期

不分 ±0.000m 以下、以上，按整体建筑面积之和计算。

6. 单项工程 ±0.000m 以下由两种或两种以上类型组成

按不同类型部分的面积查出相应工期，相加计算。

7. 单项工程 ±0.000m 以上结构相同，使用功能不同

无变形缝时，按使用功能占建筑面积比重大的计算工期；有变形缝时，先按不同使用

功能的面积查出工期，再以其中一个最大工期为基数，另加其他部分工期的25%计算。

8. 单项工程±0.000m以上由两种或两种以上结构组成

无变形缝时，先按全部面积查出不同结构的相应工期，再按不同结构各自的建筑面积加权平均计算；有变形缝时，先按不同结构各自的面积查出相应工期，再以其中一个最大的工期为基数，另加其他部分工期的25%计算。

9. 单项工程±0.000m以上层数不同，有变形缝工程

先按不同层数各自的面积查出相应工期，再以其中一个最大工期为基数，另加其他部分工期的25%计算。

10. 单项工程±0.000m以上部分分成若干个独立部分工程

先按各自的面积和层数查出工期，再以其中一个最大工期为基数，另加其他部分工期的25%计算，4个以上独立部分不再另增加工期。如果±0.000m以上有整体部分，将并入到最大部分工期中计算。

在民用建筑工程工期计算中应注意以下几点：

（1）单项（位）工程中层高在2.2m以内的技术层不计算建筑面积，但计算层数。

（2）出屋面的楼（电）梯间、水箱间不计算层数。

（3）单项（位）工程层数超出本定额时，工期可按定额中最高相邻层数的工期差值增加。

（4）一个承包方同时承包两个以上（含两个）单项（位）工程时，工期的计算：以一个单项（位）工程的最大工期为基数，另加其他单项（位）工程工期总和乘相应系数计算：加1个乘0.35的系数；加2个乘0.2的系数；加3个乘0.15的系数；4个以上的单项（位）工程不另增加工期。

（5）坑底打基础桩，另增加工期。

（6）开挖一层土方后，再打护坡桩的工程，护坡桩施工的工期承发包双方可按施工方案确定增加天数，但最多不超过50d。

（7）基础施工遇到障碍物或古墓、文物、流砂、溶洞、暗流、淤泥、石方、地下水等需要进行基础处理时，由承发包双方确定增加工期。

（8）单项工程的室外管线（不包括直埋管道）累计长度在100m以上者，增加工期10d；道路及修车场的面积在500m^2以上，在1000m^2以下者增加工期10d；在500m^2以内者增加工期20d；围墙工程不另增加工期。

第三节 建筑面积的计算

一、建筑面积的概念

建筑面积是指房屋建筑各层水平面积的总和。

建筑面积包括使用面积、辅助面积和结构面积。使用面积是指建筑物各层平面布置中可直接为生产或生活使用的净面积总和。居室净面积在民用建筑中，也称为居住面积。辅助面积是指建筑物各层平面布置中为辅助生产或生活所占净面积的总和。使用面积与辅助面积的总和为有效面积。结构面积是指建筑物各层平面布置中的墙体、柱等结构所占面积

的总和。建设部于 2005 年 4 月以国家标准形式发布了《建筑工程建筑面积计算规范》GB/T 50503—2005，并在全国统一实施。

二、计算建筑面积的规定

（一）应计算建筑面积的范围

1. 单层建筑物

（1）单层建筑物的建筑面积应按其外墙勒脚以上结构外围水平面积计算。建筑物高度在 2.20m 及以上者应计算全面积；高度不足 2.20m 者应计算 1/2 面积。

外墙勒脚是指建筑物的外墙与室外地面或散水接触部位墙体的加厚部分。

（2）单层建筑物的高度指室内地面标高至屋面板板面结构标高之间的垂直距离。遇有以屋面板找坡的平屋顶单层建筑物，其高度指室内地面标高至屋面板最低处板面结构标高之间的垂直距离。

（3）利用坡屋顶内空间时，顶板下表面至楼面的净高超过 2.10m 的部位应计算全面积；净高在 1.20~2.10m 的部位应计算 1/2 面积；净高不足 1.20m 的部位不应计算面积。

净高指楼面或地面至上部楼板底或吊顶底面之间的垂直距离。

（4）单层建筑物内设有局部楼层者，局部楼层的二层及以上楼层，按楼层层高划分，有围护结构的应按其围护结构外围水平面积计算，无围护结构的应按其结构底板水平面积计算。

围护结构是指围合建筑空间四周的墙体、门、窗等。

2. 多层建筑物

（1）多层建筑物的建筑面积应按不同的层高划分界限分别计算。多层建筑物首层应按其外墙勒脚以上结构外围水平面积计算；二层及以上楼层应按其外墙结构外围水平面积计算。

（2）多层建筑坡屋顶内和场馆看台下，当设计加以利用时，净高超过 2.10m 的部位应计算全面积；净高在 1.20~2.10m 的部位应计算 1/2 面积；当设计不利用或室内净高不足 1.20m 时不应计算面积。净高指楼面或地面至上部楼板底或吊顶底面之间的垂直距离。

3. 地下建筑、架空层

房间地平面低于室外地平面的高度超过该房间净高的 1/2 者为地下室；房间地平面低于室外地平面的高度超过该房间净高的 1/3，且不超过 1/2 者为半地下室。

架空层是指建筑物深基础或坡地建筑吊脚架空部位不回填土石方形成的建筑空间。

（1）地下室、半地下室（车间、商店、车库、仓库等）按层高划分，包括相应的有永久性顶盖的出入口，应按其外墙上口（不包括采光井、外墙防潮层及其保护墙）外边界所围水平面积计算。

永久性顶盖是指经规划批准设计的永久使用的顶盖。

（2）坡地的建筑物吊脚架空层、深基础架空层，设计加以利用并有围护结构的，层高在 2.20m 及以上的部位应计算全面积；层高不足 2.20m 的部位应计算 1/2 面积。

设计加以利用、无围护结构的建筑吊脚架空层，应按其利用部位水平面积的 1/2 计算；设计不利用的深基础架空层、坡地吊脚架空层不应计算面积。

4. 雨篷、阳台、车（货）棚、站台等

(1) 雨篷

雨篷是指设置在建筑物进出口上部的遮雨、遮阳篷。

雨篷结构的外边线至外墙结构外边线的宽度超过2.10m者，不论有柱雨篷或无柱雨篷，均应按雨篷结构板的水平投影面积的1/2计算。

(2) 阳台、眺望间

阳台属于供使用者进行活动和晾晒衣物的建筑空间。

建筑物的阳台，不论是凹阳台、挑阳台、封闭阳台、不封闭阳台，均应按其水平投影面积的1/2计算。

供人们远眺或观察周围情况的眺望间，设置在建筑物顶层的，按建筑房屋有关规定计算面积；如挑出楼层房间的应按其水平投影面积的1/2计算。

(3) 车（货）棚、站台等

有永久性顶盖无围护结构的车棚、货棚、站台、加油站、收费站等，不论有柱、无柱，均按其顶盖水平投影面积的1/2计算。

在车棚、货棚、站台、加油站、收费站内设有围护结构的管理室、休息室等，另按相关条款计算面积。

5. 楼梯、井道、建筑物顶部范围的建筑面积

(1) 建筑物内的室内楼梯间、电梯井、观光电梯井、提物井、管道井、通风排气竖井、垃圾道、附墙烟囱应按所依附的建筑物的自然层计算，并入建筑物面积内。

自然层是指按楼板、地板结构分层的楼层。

(2) 如遇跃层建筑，其共用的室内楼梯应按自然层计算面积；上下两错层户室共用的室内楼梯，应选上一层的自然层计算面积。

(3) 有永久性顶盖的室外楼梯，应按建筑物的自然层以水平投影面积的1/2计算。

室外楼梯，最上层楼梯无永久性顶盖，或不能完全遮盖楼梯的雨篷，上层楼梯不计算面积，上层楼梯可视为下层楼梯的永久性顶盖，下层楼梯应计算面积。

(4) 建筑物顶部有围护结构的楼梯间、水箱间、电梯机房等，层高在2.20m及以上者应计算全面积；层高不足2.20m者应计算1/2面积。

6. 走廊、檐廊、橱窗、门斗

走廊是建筑物的水平交通空间；挑廊是挑出建筑物外墙的水平交通空间；檐廊是设置在建筑物底层出檐下的水平交通空间；架空走廊是指建筑物与建筑物之间，在二层或二层以上专门为水平交通设置的走廊。

落地橱窗是指突出外墙面根基落地的橱窗；门斗是指在建筑物出入口设置的起分隔、挡风、御寒等作用的建筑过渡空间。

(1) 架空走廊

1) 建筑物间有围护结构的架空走廊，应按其围护结构外围水平面积计算，并以层高划分。

2) 有永久性顶盖无围护结构的应按其结构底板水平面积的1/2计算。

(2) 橱窗、门斗、挑廊、走廊、檐廊

1) 建筑物外有围护结构的落地橱窗、门斗、挑廊、走廊、檐廊，应以层高的相关规定，按其围护结构外围水平面积计算。

2）有永久性顶盖无围护结构的应按其结构底板水平面积的1/2计算。

7. 立体库房、场馆看台、舞台灯光控制室

（1）立体书库、立体仓库、立体车库，无结构层的应按一层计算，有结构层的应按层高划分界限对其结构层面积分别计算。

（2）有永久性顶盖无围护结构的场馆看台应按其顶盖水平投影面积的1/2计算。

本条所称"场馆"实质是指"场"（如：足球场、网球场等）看台上有永久性顶盖部分。"馆"应是有永久性顶盖和围护结构的，应按单层或多层建筑相关规定计算面积。

（3）有围护结构的舞台灯光控制室，应按其围护结构外围水平面积并结合层高划分界限分别计算。

8. 其他

（1）建筑物的门厅、大厅，不论其高度，均按一层计算建筑面积。门厅、大厅内设有回廊时，应按其结构底板水平面积计算。回廊应按层高划分计算面积。

回廊是指在建筑物门厅、大厅内设置在二层或二层以上的回形走廊。

（2）高低联跨的建筑物，应以高跨结构外边线为界分别计算建筑面积；其高低跨内部连通时，其变形缝应计算在低跨面积内。

（3）以幕墙作为围护结构的建筑物，应按幕墙外边线计算建筑面积。

本条幕墙是指直接作为外墙起围护作用的幕墙。

（4）建筑物外墙外侧有保温隔热层的，应按保温隔热层外边线计算建筑面积。

（5）设有围护结构不垂直于水平面而超出底板外沿的建筑物，应按其底板面的外围水平面积计算。

（二）不计算建筑面积的范围

（1）建筑物通道，包括骑楼、过街楼的底层。

建筑物通道是指为道路穿过建筑物而设置的建筑空间；骑楼是指楼层部分跨在人行道上的临街楼房；过街楼是指有道路穿过建筑空间的楼房。

（2）建筑物内的设备管道夹层。

（3）建筑物内分隔的单层房间，舞台及后台悬挂幕布、布景的天桥、挑台等。

（4）屋顶水箱、花架、凉棚、露台、露天游泳池。

（5）建筑物内的操作平台、上料平台、安装箱和罐体的平台。

（6）勒脚、附墙柱、垛、台阶、墙面抹灰、装饰面、镶贴块料面层、设置在建筑物墙体外起装饰作用的装饰性幕墙、空调室外机搁板（箱）、飘窗、构件、配件、宽度为2.10m及以内的雨篷以及与建筑物内不相连通的装饰性阳台、挑廊。

飘窗是指为房间采光和美化造型而设置的突出外墙且有一定高度窗台的窗。

（7）无永久性顶盖的架空走廊、室外楼梯和用于检修、消防等的室外钢楼梯、爬梯。

（8）自动扶梯、自动人行道。

（9）独立烟囱、烟道、地沟、油（水）罐、气柜、水塔、贮油（水）池、贮仓、栈桥、地下人防通道、地铁隧道。

例 8-1 某建筑公司承包了一住宅工程，为现浇框架结构，±0.000m以上18层，局部19层为电梯间房。建筑面积15000m²，±0.000m以下1层地下室，建筑面积850m²，该工程地处Ⅰ类地区，土壤类别为Ⅲ类土。地基处理采用φ500，长18m的预应力管桩180

根。试计算该工程施工工期。

解 本住宅属于一般民用建筑，施工工期分为±0.000m以下和±0.000m以上两部分工期之和。

(1) ±0.000m以下工程工期

1) 地下室工程：层数1层，建筑面积850m²，Ⅲ类土，由此可查《工期定额》，见表8-2。

有地下室工程　　　　　　　　　表8-2

编号	层数	建筑面积（m²）	工期天数（d）	
			Ⅰ、Ⅱ类土	Ⅲ、Ⅳ类土
1—10	1	500以内	75	80
1—11	1	1000以内	90	95
1—12	1	1000以外	110	115
1—13	2	1000以内	120	125
1—14	2	2000以内	140	145
1—15	2	3000以内	165	170
1—16	2	3000以上	190	195
1—17	3	3000以外	195	205
1—18	3	5000以内	220	230
1—19	3	7000以内	250	260

从定额表可知，定额编号为1—11，单层地下室工期$T_1 = 95d$。

2) 打桩工程：预应力管桩$\phi 500$，桩深18m，桩数180根。由此可查《工期定额》，见表8-3。

机械打桩工程　　　　　　　　　表8-3

类型：预制混凝土管桩

编号	桩深（m）	工程量（根）	工期天数（d）			
			Ⅰ类土	Ⅱ类土	Ⅲ类土	Ⅳ类土
6—282	18以内	50以内	8	9	10	14
6—283		100以内	12	13	14	18
6—284		150以内	17	18	19	23
6—285		200以内	20	22	24	28
6—286		250以内	25	27	29	33
6—287		300以内	30	32	34	39
6—288		350以内	36	38	40	44
6—289		400以内	39	41	45	50
6—290		450以内	45	48	51	56
6—291		500以内	51	54	57	62

从定额表可知,定额编号为6—285,打桩工程施工工期 $T_2 = 24d$。

故 $\pm 0.000m$ 以下工程施工工期为 $T_{地下} = T_1 + T_2 = 95 + 24 = 119d$。

(2) $\pm 0.000m$ 以上工期

$\pm 0.000m$ 以上共18层,第19层是电梯房,按定额说明规定不计层数。现浇框架结构,建筑面积15000m²,Ⅰ类地区,由此可查《工期定额》,见表8-4。

住宅工程(一) 表8-4

结构类型:现浇框架结构

编号	层数	建筑面积(m²)	工期天数(d)		
			Ⅰ类	Ⅱ类	Ⅲ类
1—171	16以下	10000以内	450	470	505
1—172	16以下	15000以内	475	495	535
1—173	16以下	20000以内	500	520	560
1—174	16以下	25000以内	520	545	585
1—175	16以下	25000以外	550	575	615
1—176	18以下	15000以内	505	530	575
1—177	18以下	20000以内	530	555	600
1—178	18以下	25000以内	555	580	625
1—179	18以下	30000以内	580	610	655
1—180	18以下	30000以外	610	640	690
1—181	20以下	15000以内	540	565	610
1—182	20以下	20000以内	560	590	635

从定额表可知,定额编号1—176,$\pm 0.000m$ 以上施工工期 $T_3 = 505d$。

综上所述:该住宅工程总工期:$T = T_1 + T_2 + T_3 = 95 + 24 + 505 = 624d$。

例8-2 某综合楼工程,$\pm 0.000m$ 以下为2层地下室,建筑面积10000m²;$\pm 0.000m$ 以上分成三个独立部分:分别是16层现浇框架结构住宅工程,建筑面积12000m²;18层全现浇结构写字楼,建筑面积为14000m²;6层现浇框架结构商场,建筑面积6000m²。桩基础采用 $\phi 800$,长16m钻孔灌注桩380根。该工程地区处Ⅰ类地区,土壤类别为Ⅲ类土。试计算该工程施工工期。

解 该工程施工工期由 $\pm 0.000m$ 以下和 $\pm 0.000m$ 以上两部分组成。

(1) $\pm 0.000m$ 以下工程工期

1)地下室工程:层数2层,建筑面积10000m²,Ⅲ类土,由此可查表8-2,定额编号为1—16,地下室工期 $T_1 = 195d$。

2)打桩工程:钻孔灌注桩 $\phi 800$,桩深20m,桩数350根,由此查《工期定额》,见表8-5。

钻孔灌注桩工程　　　　　　　表 8-5

编号	桩深（m）	直径（mm）	工程量（根）	工期天数（d）			
				Ⅰ类土	Ⅱ类土	Ⅲ类土	Ⅳ类土
6—476	16以内	φ800	250 以内	32	35	38	44
6—477			300 以内	38	41	45	52
6—478			350 以内	46	49	53	59
6—479			400 以内	53	56	60	67
6—480			450 以内	61	64	68	76
6—481			500 以内	70	73	77	84
6—482			550 以内	78	81	85	92
6—483			600 以内	86	89	93	100
6—484			650 以内	92	96	101	109
6—485			700 以内	101	105	110	117
6—486			750 以内	109	113	118	126
6—487			800 以内	121	125	127	134

从定额表可知，定额编号为 6—479，打桩工程施工工期 $T_2=60\mathrm{d}$。

故 $\pm 0.000\mathrm{m}$ 以下工程施工工期 $T_{地下}=T_1+T_2=195+60=255\mathrm{d}$。

（2）$\pm 0.000\mathrm{m}$ 以上工期分三部分

1）现浇框架住宅：16 层，12000m^2，Ⅰ类地区

查表 8-4 可知：施工工期 $T_3=475\mathrm{d}$。

2）全现浇结构写字楼：18 层，14000m^2，Ⅰ类地区

查《工期定额》，见表 8-6。

从定额表可知，定额编号 1—700，施工工期 $T_4=425\mathrm{d}$。

综合楼工程（一）　　　　　　　表 8-6

结构类型：全现浇结构

编　号	层　数	建筑面积（m^2）	工期天数（d）		
			Ⅰ类	Ⅱ类	Ⅲ类
1—699	16 以下	25000 以外	470	490	540
1—700	18 以下	15000 以内	425	445	495
1—701	18 以下	20000 以内	450	470	520
1—702	18 以下	25000 以内	475	495	545
1—703	18 以下	30000 以内	495	520	570
1—704	18 以下	30000 以外	520	545	595
1—705	20 以下	15000 以内	460	480	530
1—706	20 以下	20000 以内	480	505	555
1—707	20 以下	25000 以内	505	530	580

续表

编号	层数	建筑面积（m²）	工期天数（d）		
			Ⅰ类	Ⅱ类	Ⅲ类
1—708	20 以下	30000 以内	530	555	605
1—709	20 以下	30000 以外	555	580	640
1—710	22 以下	15000 以内	490	515	565

3）现浇框架结构商场：6 层，6000m²，Ⅰ类地区

查《工期定额》，见表 8-7。

综合楼工程（二） 表 8-7

结构类型：现浇框架结构

编号	层数	建筑面积（m²）	工期天数（d）		
			Ⅰ类	Ⅱ类	Ⅲ类
1—723	6 以下	3000 以内	245	255	285
1—724	6 以下	5000 以内	260	270	300
1—725	6 以下	7000 以内	275	285	315
1—726	6 以下	7000 以外	295	305	335
1—727	8 以下	5000 以内	325	340	370
1—728	8 以下	7000 以内	340	355	385
1—729	8 以下	10000 以内	360	375	405
1—730	8 以下	15000 以内	385	400	430
1—731	8 以下	15000 以外	410	430	470
1—732	10 以下	7000 以内	370	385	425
1—733	10 以下	10000 以内	385	405	445
1—734	10 以下	15000 以内	410	430	470

从定额表可知，定额编号 1—725，施工工期 $T_5=275d$。

根据《工期定额》规定，单项工程 ±0.000m 以上分成若干独立部分时，先按各自的面积和层数查出相应工期，现以其中一个最大工期为基数，另加其他部分工期的 25% 计算。

所以该工程总工期 $= 255 + 475 + (425 + 275) \times 25\% = 905d$

例 8-3 某建筑公司同时承包 3 栋住宅工程，其中 1 栋为全现浇结构，±0.000m 以上 18 层，建筑面积 12000m²，±0.000m 以下 1 层，建筑面积 800m²。另两栋为砖混结构 6 层，无地下室，带形基础，每栋建筑面积为 4200m²，其中首层建筑面积为 700m²（该工程地处Ⅰ类地区，土壤类别为Ⅲ类土）。试求该工程总工期。

解 （1）全现浇结构住宅工期

1）地下室工程：层数 1 层，建筑面积 800m²，Ⅲ类土，由此可查《工期定额》。从表

8-2 可知，定额编号为 1—11，单层地下室工期 $T_1 = 95\mathrm{d}$。

2）±0.000m 以上工程：层数 18 层，建筑面积 12000m²，Ⅰ类地区全现浇结构。查《工期定额》，见表 8-8。

住宅工程（二） 表 8-8

结构类型：全现浇结构

编号	层数	建筑面积（m²）	工期天数（d）		
			Ⅰ类	Ⅱ类	Ⅲ类
1—136	16 以下	25000 以内	425	445	485
1—137	18 以下	15000 以内	390	405	445
1—138	18 以下	20000 以内	405	425	465
1—139	18 以下	25000 以外	430	450	490
1—140	18 以下	30000 以内	455	475	515
1—141	18 以下	30000 以内	475	500	540
1—142	20 以下	15000 以内	415	435	475
1—143	20 以下	20000 以内	435	455	495
1—144	20 以下	25000 以外	460	480	520
1—145	20 以下	30000 以内	480	505	545
1—146	20 以下	30000 以内	505	530	570

从定额表可知，定额编号 1—137，施工工期 $T_2 = 390\mathrm{d}$。

全现浇结构住宅工期 $= T_1 + T_2 = 95 + 390 = 485\mathrm{d}$

（2）砖混结构住宅工期

1）±0.000m 以下工程：带形基础无地下室，建筑面积 700m²，查《工期定额》，见表 8-9。

无地下室工程 表 8-9

编号	基础类型	建筑面积（m²）	工期天数（d）	
			Ⅰ、Ⅱ类	Ⅲ、Ⅳ类
1—1	带形基础	500 以内	30	35
1—2	带形基础	1000 以内	45	50
1—3	带形基础	1000 以外	65	70
1—4	满堂红基础	500 以内	40	45
1—5	满堂红基础	1000 以内	55	60
1—6	满堂红基础	1000 以外	75	80
1—7	框架基础（独立柱基）	500 以内	25	30
1—8	框架基础（独立柱基）	1000 以内	35	40
1—9	框架基础（独立柱基）	1000 以外	55	60

从定额表可知,定额编号1—2,施工工期 $T_3 = 50\mathrm{d}$。

2)±0.000m 以下工程:层数6层,建筑面积4200m^2,Ⅰ类地区砖混结构。查《工期定额》,见表8-10。

住宅工程(三) 表8-10

结构类型:砖混结构

编 号	层 数	建筑面积(m^2)	工期天数(d)		
			Ⅰ类	Ⅱ类	Ⅲ类
1—41	4	3000 以内	125	135	155
1—42	4	5000 以内	135	145	165
1—43	4	5000 以外	150	160	185
1—44	5	3000 以内	145	155	180
1—45	5	5000 以内	155	165	190
1—46	5	5000 以外	170	180	205
1—47	6	3000 以内	170	180	205
1—48	6	5000 以内	180	190	215
1—49	6	7000 以内	195	205	235
1—50	6	7000 以外	210	225	255
1—51	7	3000 以内	195	205	235
1—52	7	5000 以内	205	220	250
1—53	7	7000 以内	220	235	265
1—54	7	7000 以外	240	255	285

从定额表可知,定额编号1—48,施工工期 $T_4 = 180\mathrm{d}$。

$$一栋住宅总工期 = T_3 + T_4 = 50 + 180 = 230\mathrm{d}$$

(3)该工程总工期

根据定额规定:一个承包方同时承包3个单项工程时,工期计算,以一个单项工程的最大工期为基数,另加其他单项工程工期总和乘0.2的系数。

$$该工程总工期 = 485 + (230 + 230) \times 20\% = 577\mathrm{d}$$

例8-4 某综合楼±0.000m 以下为2层地下室,建筑面积10000m^2,±0.000m 以上1~2层为整体部分现浇框架结构商场,建筑面积10000m^2,3层以上分成两个独立部分:分别为14层全现浇框架结构住宅,建筑面积9000m^2;18层现浇框架结构写字楼,建筑面积15000m^2(该工程地处Ⅰ类地区,土壤类别为Ⅲ类土)。试计算该工程总工期。

解 根据定额规定:单项工程中±0.000m 以上为整体,整体上又分成若干个独立部分时,先按各自独立部分的面积和层数查出相应工期,然后再以其中一个最大工期为基数,另加其他部分工期的25%计算。±0.000m 以上的整体部分的工期,结构类型相同,将其面积并入到最大部分工期中计算,结构类型不同,按各自的建筑面积加权平均计算。

(1) 地下室工程

2 层 10000m², 查《工期定额》, 从表 8-2 可知, 定额编号 1—16, 施工工期 $T_1 = 195d$。

(2) ±0.000m 以上工程

1) 全现浇框架结构住宅: 16 层, 10000m² 以内, 查表 8-4 可知, 定额编号 1—171, 施工工期 $T_2 = 450d$。

2) 全现浇框架写字楼 20 层, 15000m², 查《工期定额》, 见表 8-11。

综合楼工程 (三) 表 8-11

结构类型: 现浇框架结构

编 号	层 数	建筑面积 (m²)	工期天数 (d)		
			Ⅰ类	Ⅱ类	Ⅲ类
1—747	16 以下	10000 以内	495	515	555
1—748	16 以下	15000 以内	520	540	580
1—749	16 以下	20000 以内	545	565	615
1—750	16 以下	25000 以内	575	595	645
1—751	16 以下	25000 以外	595	625	675
1—752	18 以下	15000 以内	560	585	635
1—753	18 以下	20000 以内	580	610	660
1—754	18 以下	25000 以内	610	640	690
1—755	18 以下	30000 以内	645	675	735
1—756	18 以下	30000 以外	680	710	770
1—757	20 以下	15000 以内	600	630	680
1—758	20 以下	20000 以内	625	655	715
1—759	20 以下	25000 以内	655	685	745

从表中可知, 定额编号 1—757, 定额工期 $T_3 = 600d$。

3) 18 层现浇框写字楼工期 600d, 大于 14 层框架住宅工期 450d。商场与写字楼结构相同, 将 ±0.000m 以上 1~2 层整体部分的商场 10000m² 建筑面积并入到 18 层现浇框架结构写字楼 15000m² 建筑面积中, 共计建筑面积 25000m²。现浇框架结构写字楼, 查表 8-11, 定额编号 1—759, 施工工期 $T_4 = 655d$。

(3) 该工程总工期

$$T = 195 + 655 + 450 \times 25\% = 963d$$

例 8-5 某建筑装饰公司承包某市一办公楼装修工程, 该工程地处Ⅱ类地区, 此工程建筑面积 8500m², 其中外墙装饰 4550m², 内墙装修 19500m², 顶棚装修 6800m², 楼地面装修 7500m², 门窗面积 1800m²。具体装修法和相应装修工程量如下:

外墙面装修: 干挂花岗石 1200m², 高级涂料 2800m², 玻璃幕墙 550m²。

内墙面装修: 镶贴面砖 1200m², 瓷砖 1550m², 大理石 550m², 胶合板墙裙 1150m², 涂料 13000m²。

顶棚装修：轻钢龙骨装饰板吊顶 2500m², 涂料 3200m²。
楼地面装修：木地板 850m², 地面砖 4500m², 花岗石 350m²。
门窗装修：塑钢门窗 950m², 不锈钢门 35m², 杉木门 815m²。
试计算该工程施工工期。

解 （1）根据所列装修项目，确定装修标准

1）办公楼不属于宾馆、饭店，该装修工程工期应执行其他建筑工程装修工期定额。

2）根据装修项目数确定装修类型。

①墙面：干挂花岗石、高级涂料、幕墙、镶贴大理石、胶合板墙裙三项以上满足高级装修标准。

②顶棚：轻钢龙骨装饰板吊顶一项满足高级装修标准。

③楼地面：木地板、花岗石二项满足高级装修标准。

④门窗：塑钢门窗、不锈钢门二项满足高级装修标准。

根据工期定额规定：墙面、楼地面每项分别满足 3 个及 3 个以上高级装修项目，顶棚、门窗每项分别满足 2 个及 2 个以上高级装修项目。本工程顶棚、楼地面装修不满足要求，因此可按中级装修标准执行定额。

3）验证每项装修面积之和与相应装修面积之比。

①墙面：$(1200+2800+550+1200+1550+550+1150+13000) \div (4550+19500) =$ 91.48% > 70%

②顶棚：$(2500+3200) \div 6800 = 83.82\% > 70\%$

③楼地面：$(850+4500+350) \div 7500 = 76\% > 70\%$

④门窗：$(950+35+815) \div 1800 = 100\% > 70\%$

按中级装修标准做法，每项装修的面积之和占相应装修项目面积比例均大于 70%。

所以，根据以上条件确定此办公楼工期计算应按中级装修标准套用定额。

（2）查定额计算工期

本工程属其他建筑工程装修，装修标准属中级装修，建筑面积 8500m²，Ⅱ类地区。查《工期定额》，见表 8-12。

其他建筑工程　　　　　　　　　　　　　　　　　表 8-12

装修标准：中级装修

编　号	建筑面积（m²）	天　数（d）		
		Ⅰ类	Ⅱ类	Ⅲ类
2—405	500 以内	65	70	80
2—406	1000 以内	75	80	90
2—407	3000 以内	95	100	110
2—408	5000 以内	115	120	130
2—409	10000 以内	145	150	165
2—410	15000 以内	180	185	205
2—411	20000 以内	215	225	250
2—412	30000 以内	285	295	325

续表

编　号	建筑面积（m²）	天　数（d）		
		Ⅰ类	Ⅱ类	Ⅲ类
2—413	35000 以内	325	340	375
2—414	35000 以外	380	400	440

从定额表可知，定额编号 2—409，定额工期 $T=150\text{d}$。

思 考 题

1. 什么是工期定额，什么是建设工期定额，什么是施工工期定额？
2. 施工工期从什么时间开始计算起始日？
3. 工期定额的作用有哪些？
4. 工期定额的编制原则有哪些？
5. 工期定额的编制依据是什么？
6. 工期定额的编制步骤包括哪几个阶段，具体内容包括哪些？
7. 影响工期定额的主要因素有哪些？
8. 工期定额的编制有哪些方法？
9. 现行《建筑安装工期定额》（2000 年版）适用范围是什么？
10. 现行工期定额章节如何划分？
11. 试述民用建筑工程单项工程工期定额的基本结构和内容。
12. 试述民用建筑工程单位工程工期定额的基本结构和内容。
13. 试述工业与其他建筑工程工期定额的基本结构和内容。
14. 单项工程、单位工程结构工程、单位工程装修工程工期定额的表现形式是什么？
15. 试述民用建筑工程工期计算的一般方法。
16. 某建筑公司同时承包 4 幢住宅工程和 1 幢商店，其中住宅为：两幢现框架结构，±0.000m 以上 18 层，每幢建筑面积 10000m²，±0.000m 以下 1 层，建筑面积 800m²；另两幢为砖混结构 6 层，无地下室，带形基础，每幢建筑面积均为 4200m²，其中建筑面积为 700m²；商店为框架结构：±0.000m 以下 1 层，建筑面积 1500m²，±0.000m 以上 6 层，建筑面积 8000m²。该工程地处Ⅱ类地区，土壤类别为Ⅲ类土。试计算施工总工期。
17. 某住宅工程为全现浇结构，±0.000m 以上 22 层，建筑面积 25000m²，±0.000m 以下 2 层，建筑面积 2600m²，打桩工程采用 ϕ600 预应力管桩，桩长 24m，桩数为 300 根。试计算该住宅工程总工期。
18. 某单位工程 ±0.000m 以上：1～2 层为现混凝土框架结构商场工程，建筑面积 3000m²；3～8 层砖混结构住宅，建筑面积 6000m²。该工程地处Ⅰ类地区。试计算该工程 ±0.000m 以上工期。
19. 某单位工程 ±0.000m 以上变形缝为界划分为两个部分：一部分为 6 层全现浇结构商场，建筑面积为 6500m²；另一部分为 6 层现浇框架结构办公楼，建筑面积 6000m²。该工程地处Ⅰ类地区。试计算该工程 ±0.000m 以上工期。
20. 某综合楼，±0.000m 以下为 3 层地下室，建筑面积 20000m²。±0.000m 以上 1～2 层为现浇框架结构商场，建筑面积 12000m²，3 层以上分成两个独立部分：分别为 16 层全现浇结构写字楼，建筑面积 9800m²；18 层全现浇结构宾馆，建筑面积 15000m²（该工程地处Ⅰ类地区，土壤类别为Ⅱ类土）。试计算该工程总工期。

参考文献

[1] 尹贻林主编. 工程造价计价与控制 [M]. 北京：中国计划出版社，2003.
[2] （GJD—101—95）全国统一建筑工程基础定额 [M]. 北京：中国计划出版社，1995.
[3] 《劳动定额原理与应用》编写组. 建筑安装工程劳动定额的原理与应用 [M]. 北京：中国建筑工业出版社，1983.
[4] 尚矞主编. 建筑工程预算与报价 [M]. 北京：科学出版社，2001.
[5] 钱昆润，戴望贵，沈杰编著. 建筑工程定额与预算 [M]. 南京：东南大学出版社，2002.
[6] 全国统一建筑安装工程工期定额 [M]. 北京：中国计划出版社，2000.
[7] 全国建筑安装工程劳动定额. 合肥：安徽科学技术出版社，1994.
[8] 胡德明主编. 建筑工程定额原理与概预算 [M]. 北京：中国建筑工业出版社，1996.

全国高职高专教育土建类专业教学指导委员会规划推荐教材

（工程造价与建筑管理类专业适用）

征订号	书名	定价	作者	备注
15809	建筑经济（第二版）	15.00	吴泽	可供
16528	建筑构造与识图（第二版）	32.00	高远	可供
16911	建筑结构基础与识图（第二版）	16.00	杨太生	可供
12559	建筑设备安装识图与施工工艺	24.00	汤万龙 刘玲	可供
15813	建筑与装饰材料（第二版）	23.00	宋岩丽	可供
16506	建筑工程预算（第三版）	32.00	袁建新	可供
15811	工程量清单计价（第二版）	27.00	袁建新	可供
16532	建筑设备安装工程预算（第二版）	19.00	景星蓉	可供
16918	建筑装饰工程预算（第二版）	12.00	但霞 何永萍	可供
12558	工程造价控制	15.00	张凌云	可供
16533	工程建设定额原理与实务（第二版）	21.00	何辉 吴瑛	可供
16530	建筑工程项目管理（第二版）	32.00	项建国	可供
14201	建筑电气工程识图．工艺．预算（第二版）	33.00	杨光臣	可供
13533	管道工程施工与预算（第二版）	30.00	景星蓉	可供
16529	建筑施工工艺	30.00	丁宪良 魏杰	可供

欲了解更多信息，请登录中国建筑工业出版社网站：http：//www.cabp.com.cn查询。